本試験型 数学検定3級 試験問題集

成美堂出版

本書の使い方

本書は，数学検定３級でよく問われる問題を中心にまとめた本試験型問題集です。本番の検定を想定し，計５回分の問題を収録していますので，たっぷり解くことができます。解答や重要なポイントは赤字で示していますので，赤シートを上手に活用しましょう。

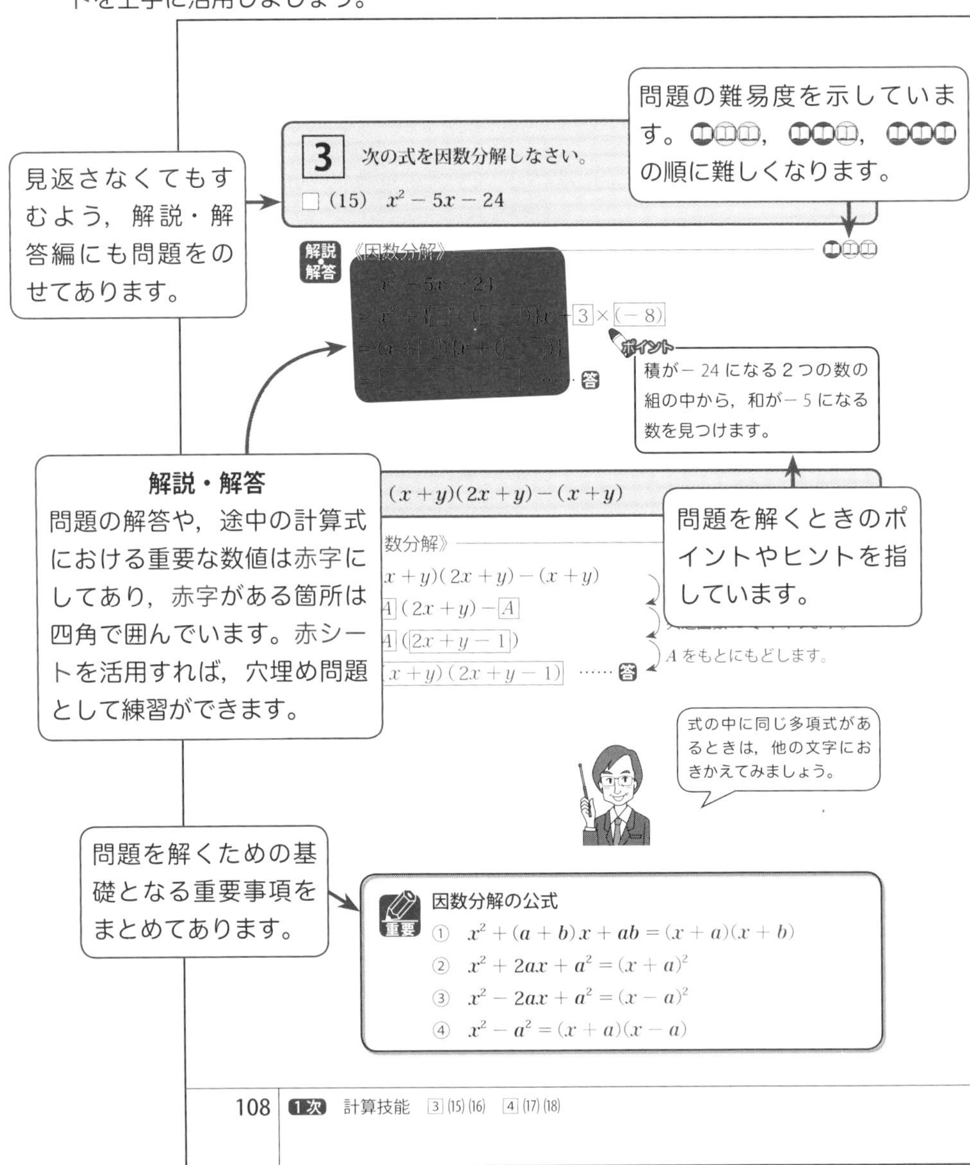

問題の難易度を示しています。，，の順に難しくなります。
3 次の式を因数分解しなさい。
(15) $x^2-5x-24$
見返さなくてもすむよう，解説・解答編にも問題をのせてあります。
解説・解答 《因数分解》
$x^2-5x-24$
$=x^2+\{3+(-8)\}x+3\times(-8)$
$=(x+3)\{x+(-8)\}$
$=(x+3)(x-8)$ ……答
ポイント
積が－24になる２つの数の組の中から，和が－５になる数を見つけます。
解説・解答
問題の解答や，途中の計算式における重要な数値は赤字にしてあり，赤字がある箇所は四角で囲んでいます。赤シートを活用すれば，穴埋め問題として練習ができます。
$(x+y)(2x+y)-(x+y)$
数分解》
$x+y)(2x+y)-(x+y)$
$A(2x+y)-A$
$A(2x+y-1)$
$(x+y)(2x+y-1)$ ……答
Aをもとにもどします。
問題を解くときのポイントやヒントを指しています。
式の中に同じ多項式があるときは，他の文字におきかえてみましょう。
問題を解くための基礎となる重要事項をまとめてあります。
重要 因数分解の公式
① $x^2+(a+b)x+ab=(x+a)(x+b)$
② $x^2+2ax+a^2=(x+a)^2$
③ $x^2-2ax+a^2=(x-a)^2$
④ $x^2-a^2=(x+a)(x-a)$
108 1次 計算技能 3 (15) (16) 4 (17) (18)

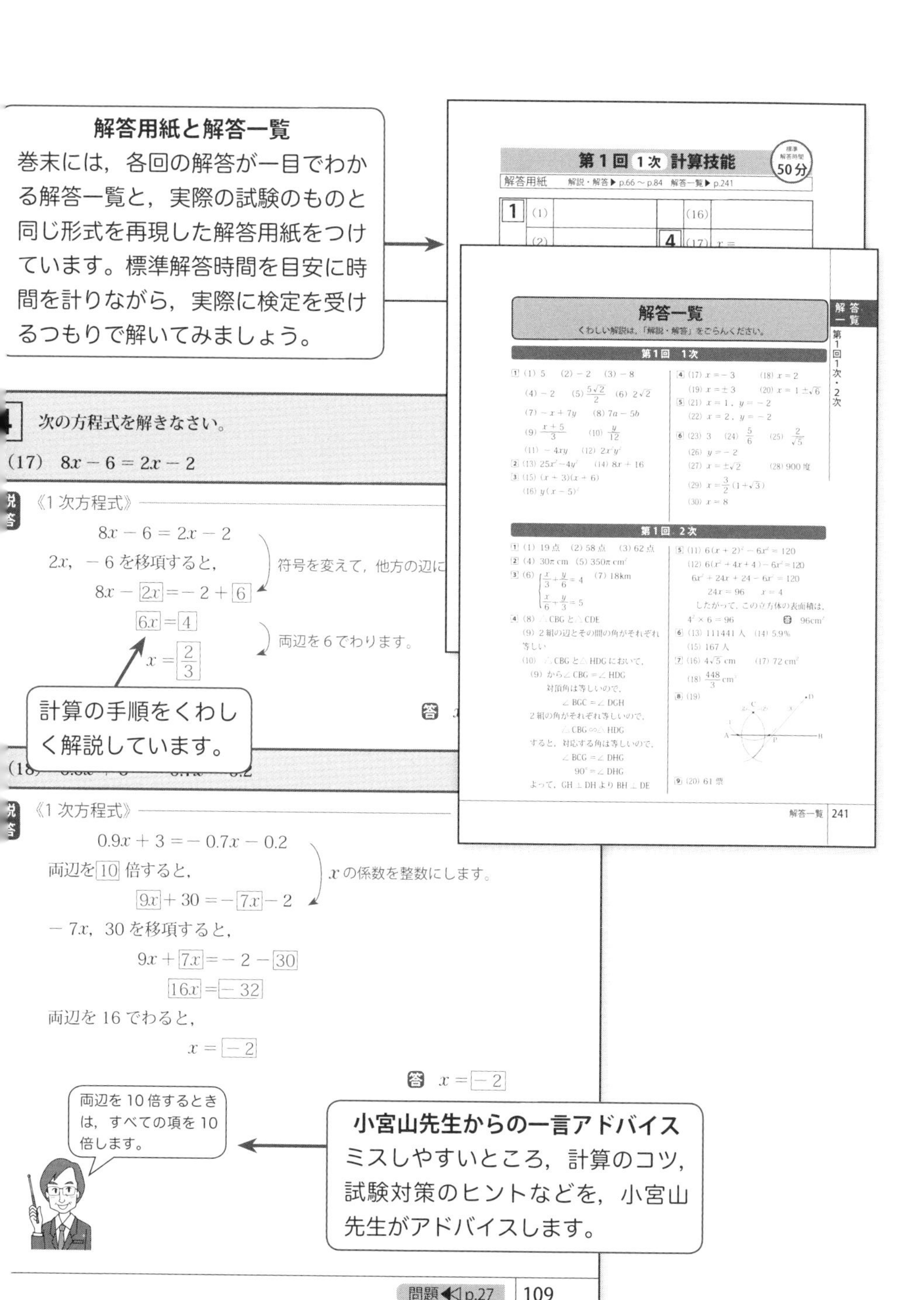
解答用紙と解答一覧
巻末には，各回の解答が一目でわかる解答一覧と，実際の試験のものと同じ形式を再現した解答用紙をつけています。標準解答時間を目安に時間を計りながら，実際に検定を受けるつもりで解いてみましょう。
第1回 1次 計算技能
標準解答時間 50分
解答用紙 解説・解答▶p.66～p.84 解答一覧▶p.241
解答一覧
くわしい解説は，「解説・解答」をごらんください。
第1回 1次
第1回 2次
解答一覧 241
4 次の方程式を解きなさい。
(17) 8x − 6 = 2x − 2
《1次方程式》
8x − 6 = 2x − 2
2x，− 6 を移項すると，
8x − 2x = − 2 + 6
6x = 4
x = 2/3
符号を変えて，他方の辺に
両辺を 6 でわります。
計算の手順をくわしく解説しています。
《1次方程式》
0.9x + 3 = − 0.7x − 0.2
両辺を 10 倍すると，
9x + 30 = − 7x − 2
x の係数を整数にします。
− 7x，30 を移項すると，
9x + 7x = − 2 − 30
16x = − 32
両辺を 16 でわると，
x = − 2
答 x = − 2
両辺を 10 倍するときは，すべての項を 10 倍します。
小宮山先生からの一言アドバイス
ミスしやすいところ，計算のコツ，試験対策のヒントなどを，小宮山先生がアドバイスします。
問題 p.27
109

目 次

数学検定３級の内容

数学検定３級の検定内容

●学習範囲と検定内容

実用数学技能検定は（本書では数学検定としています），公益財団法人日本数学検定協会が実施している検定試験です。

1級から11級までと，準1級，準2級をあわせて，13階級あります。そのなかで，1級から5級までは「数学検定」，6級から11級までは「算数検定」と呼ばれています。

検定内容は，Aグループから Mグループまであり，3級はそのなかのEグループ，Fグループ，Gグループからそれぞれ30%ずつ，特有問題から10%程度出題されることになっています。

また，3級の出題内容のレベルは【中学校3年程度】とされています。

3級の検定内容

Eグループ	平方根，式の展開と因数分解，2次方程式，三平方の定理，円の性質，相似比，面積比，体積比，簡単な2次関数，簡単な統計　など
Fグループ	文字式を用いた簡単な式の四則混合計算，文字式の利用と等式の変形，連立方程式，平行線の性質，三角形の合同条件，四角形の性質，1次関数，確率の基礎，簡単な統計　など
Gグループ	正の数・負の数を含む四則混合計算，文字を用いた式，1次式の加法・減法，1元1次方程式，基本的な作図，平行移動，対称移動，回転移動，空間における直線や平面の位置関係，扇形の弧の長さと面積，空間図形の構成，空間図形の投影・展開，柱体・錐体及び球の表面積と体積，直角座標，負の数を含む比例・反比例，度数分布とヒストグラム　など

●1次検定と2次検定

数学検定は各階級とも，1次（計算技能検定）と2次（数理技能検定）の2つの検定があります。

1次（計算技能検定）は，主に計算技能をみる検定で，解答用紙には答えだけを記入することになっています。

2次（数理技能検定）は，主に数理応用技能をみる検定で，解答用紙には答えだけでなく，計算の途中の式や単位，図を記入することもあります。このような問題では，たとえ最終的な答えがあっていなくても，途中経過が正しければ部分点をもらえることがあります。逆に，途中経過を何も書かないで答えのみを書いたり，単位をつけなかったりした場合には，減点となることがあります。

なお，2次検定では，階級を問わず電卓を使うことができます。

●検定時間と問題数

3級の検定時間と問題数，合格基準は次のとおりです。

	検定時間	問題数	合格基準
1次（計算技能検定）	50分	30問	全問題の70%程度
2次（数理技能検定）	60分	20問	全問題の60%程度

＊配点は公表されていませんが，合格基準より判断すると，1次（問題数30問の場合）の合格基準点は21問正解，2次（問題数20問の場合）の合格基準点は12問正解となります。

数学検定３級の受検方法

●受検方法

数学検定は，個人受検，団体受検，提携会場受検のいずれかの方法で受検します。申し込み方法は，個人受検の場合，インターネット，郵送，コンビニ等があります。団体受検の場合，学校や塾などを通じて申し込みます。提携会場受検の場合は，インターネットによる申し込みとなります。

●受検資格

原則として受検資格は問われません。

●検定の免除

１次（計算技能検定）または２次（数理技能検定）にのみ合格している方は，同じ階級の２次または１次検定が免除されます。申し込み時に，該当の合格証番号が必要です。

●合否の確認

検定日の約３週間後に，ホームページにて合否を確認することができます。検定日から約30～40日後を目安に，検定結果が郵送されます。

受検方法など試験に関する情報は変更になる場合がありますので，事前に必ずご自身で試験実施団体などが発表する最新情報をご確認ください。

公益財団法人 日本数学検定協会

ホームページ：https://www.su-gaku.net/

〒110-0005　東京都台東区上野5-1-1　文昌堂ビル６階

<個人受検の問合せ先>　TEL：03-5812-8349

<団体受検・提携会場受検の問合せ先>　TEL：03-5812-8341

3級の出題のポイント

3級の出題範囲の中で，ポイントとなる項目についてまとめました。問題に取り組む前や疑問が出たときなどに，内容を確認しましょう。

なお，答えが分数になる場合には，もっとも簡単な分数に約分しておきましょう。

1次検定・2次検定共通のポイント

正負の数の計算

四則計算，かっこ，累乗を含む正負の数の計算問題では，演算の順序と累乗における符号の変化に注意しましょう。累乗→乗法・除法→加法・減法のリズムがつかめるまで，繰り返し練習しましょう。

Point

累乗の計算

① $-a^2=-(a\times a)$

② $-a^3=-(a\times a\times a)$

③ $(-a)^2=(-a)\times(-a)=a^2$

④ $(-a)^3=(-a)\times(-a)\times(-a)=-a^3$

文字式の計算と因数分解

方程式を解くためには，文字式の計算が速く，正確にできることが重要です。まずは，分配法則を用いて式を展開し，同類項をまとめる手順を身につけましょう。次に，乗法公式や指数法則を理解し，正確に使えるようになると計算も速くなり，間違いも減っていきます。

Point

(1) 分配法則

① $a(b+c)=ab+ac$　　② $(a+b)(c+d)=ac+ad+bc+bd$

(2) 乗法公式

① $(a+b)^2=a^2+2ab+b^2$

② $(a-b)^2=a^2-2ab+b^2$

③ $(a+b)(a-b)=a^2-b^2$

④ $(x+a)(x+b)=x^2+(a+b)x+ab$

(3) 指数法則

① $a^m \times a^n = a^{m+n}$

② $a^m \div a^n = a^{m-n}$ $(m>n)$

③ $(a^m)^n = a^{mn}$

④ $(ab)^m = a^m b^m$

(4) 因数分解

① $a^2+2ab+b^2=(a+b)^2$

② $a^2-2ab+b^2=(a-b)^2$

③ $a^2-b^2=(a+b)(a-b)$

④ $x^2+(a+b)x+ab=(x+a)(x+b)$

平方根の計算

平方根は，文字式と同様に計算することができます。根号内に平方根（整数の2乗の形になる数）が含まれるときには，根号内をできるだけ小さな整数にしておきましょう。

また，分母に根号がある場合は，有理化をして分母を有理数にして計算しましょう。

Point

平方根の計算

$\sqrt{n^2 b} = n\sqrt{b}$　($b > 0$，n は正の整数)

$\dfrac{b}{\sqrt{a}} = \dfrac{b}{\sqrt{a}} \times \dfrac{\sqrt{a}}{\sqrt{a}} = \dfrac{b\sqrt{a}}{a}$　($a > 0$)

方程式

3級で出題される方程式は，1次方程式，2次方程式，連立方程式です。各方程式を解く手順は，それぞれで異なります。

まずは，移項や分母を払うなどの等式の変形の手順を確認しながら，1次方程式を確実に解けるようになりましょう。

2次方程式の解き方には，①因数分解を用いる方法，②解の公式を用いる方法がありますが，どちらでもできるようにしておくことが大切です。

連立方程式の解き方には，①加減法と②代入法があります。問題に応じて，どちらの解き方でも解けるようにしておきましょう。

Point

(1) 1次方程式の解き方

①等式の変形　→　② $ax = b$ の形にする　→　③ $x = \dfrac{b}{a}$ ($a \neq 0$)

(2) 連立方程式の解き方

加減法または代入法で，x，y のどちらかの文字を消去する。

(3) 2次方程式 $ax^2 + bx + c = 0$ ($a \neq 0$) の解き方

①因数分解する

$ax^2 + bx + c = a(x - \alpha)(x - \beta)$ と因数分解できるとすると，

$(x - \alpha)(x - \beta) = 0$ より，$x = \alpha$，β

②解の公式を使う

$$x = \frac{-b \pm \sqrt{b^2 - 4ac}}{2a}$$

【例題】$x^2-4x-1=0$

《2 次方程式》

$$x^2-4x-1=0$$

解の公式を用いると,

$$x=\frac{-(\boxed{-4})\pm\sqrt{(\boxed{-4})^2-4\times\boxed{1}\times\boxed{(-1)}}}{2\times 1}$$

$$x=\frac{4\pm\boxed{\sqrt{20}}}{2}$$

$$x=\frac{4\pm\boxed{2\sqrt{5}}}{2}$$

$$x=\boxed{2\pm\sqrt{5}}$$

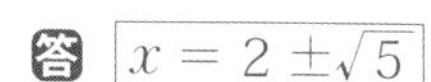

関数とグラフ

x, y 座標平面上における，1 次関数，2 次関数の式とグラフの関係については，実際にグラフをかいてみることが大切です。

特に，2 次関数のグラフは，1 次関数（直線）と違い，曲線（放物線）になるため，x の範囲の端が必ずしも y の範囲の端にならないことに注意しましょう。

(1) 1 次関数 $y=ax+b$

a：傾き（＝変化の割合），b：y 切片（＝ y 軸との交点）

① $y=ax+b$（$a>0, b>0$）

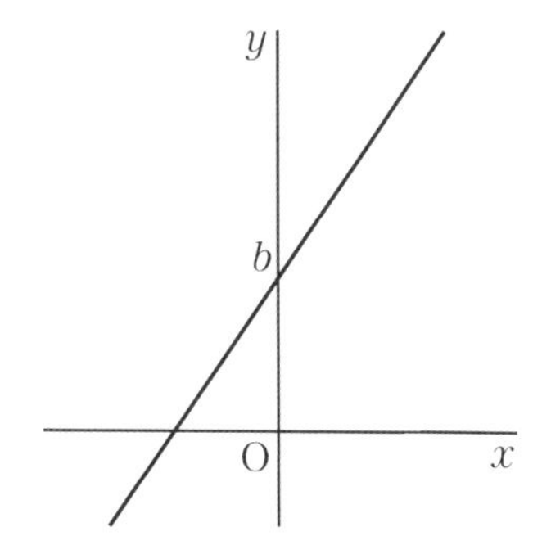

② $y=ax+b$（$a<0, b>0$）

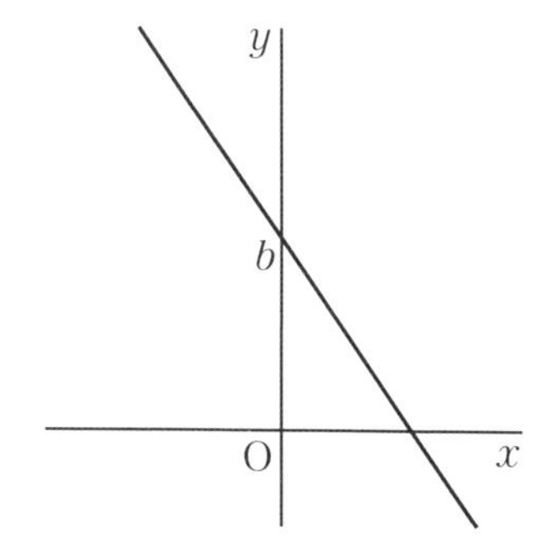

(2) 2次関数 $y = ax^2$ ($a \neq 0$)(頂点は原点O)

① $a > 0$：下に凸のグラフ(上に開いたグラフ)

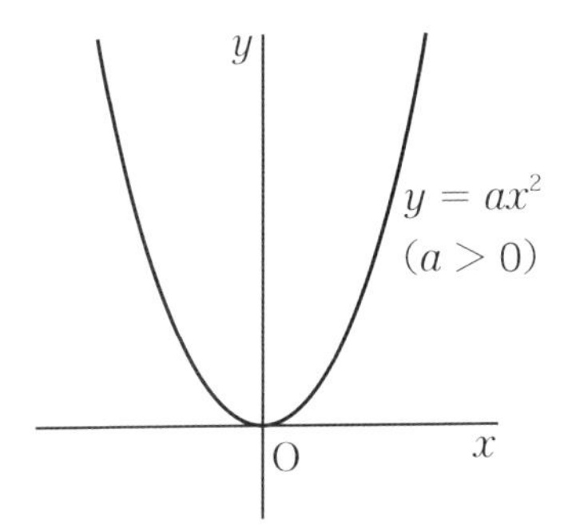

② $a < 0$：上に凸のグラフ(下に開いたグラフ)

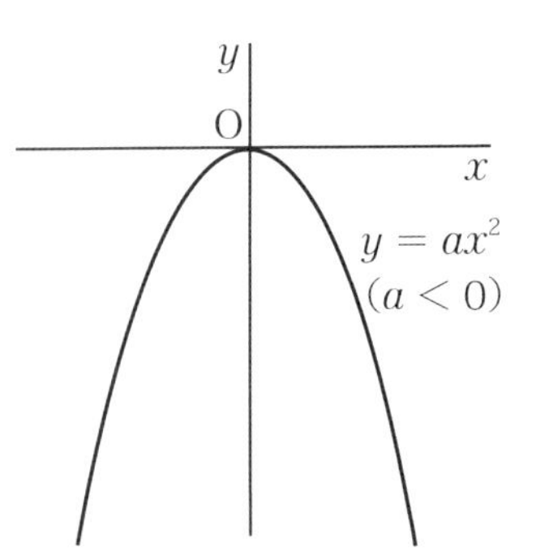

平面図形

3級での平面図形の問題としては，平行線の性質（同位角，錯角など），相似な図形，三平方の定理（ピタゴラスの定理），円の性質（円周角，中心角，おうぎ形，接線，接弦定理など）が中心となります。

使う定理や性質は限られていますので，いろいろな問題にあたり，考え方のコツをつかみましょう。

(1) 平行線における同位角，錯角は等しい

$\ell \mathbin{/\!/} m$ のとき，$\angle a = \angle b$（同位角），

$\angle b = \angle c$（錯角）

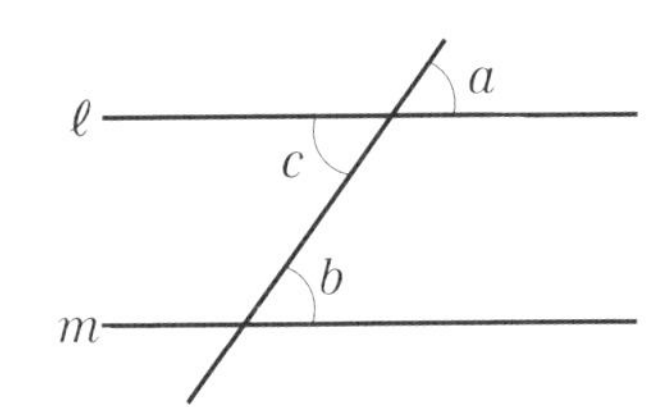

(2) 平行線でつくられる相似な図形

$\ell \mathbin{/\!/} m$ のとき，△AED ∽ △CEB

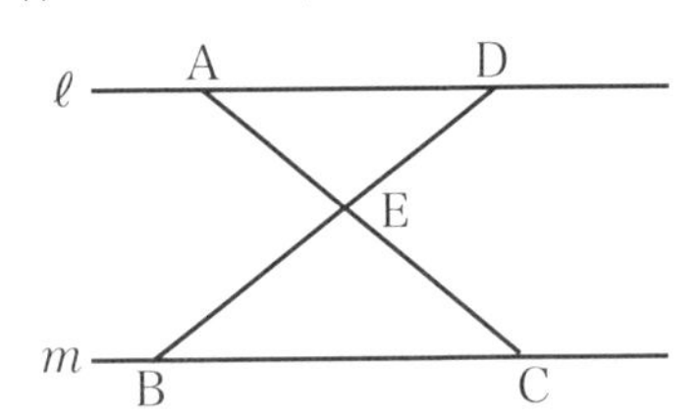

$\ell \mathbin{/\!/} m$ のとき，△ABE ∽ △ACD

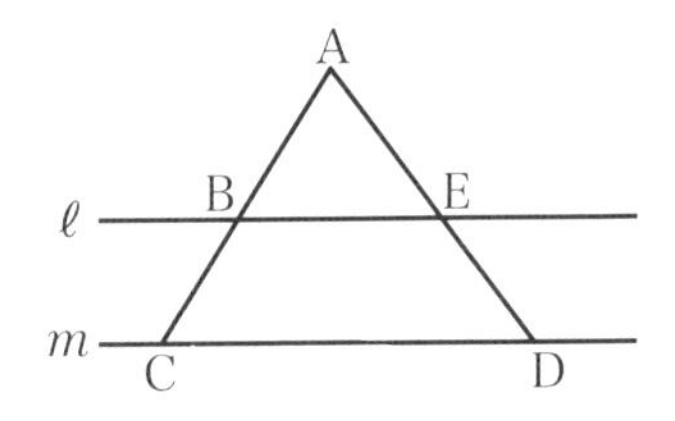

(3) 三平方の定理（ピタゴラスの定理）

直角三角形の直角をはさむ 2 辺の長さを a, b とし，斜辺の長さを c とすると，次の関係が成り立ちます。

$$a^2 + b^2 = c^2$$

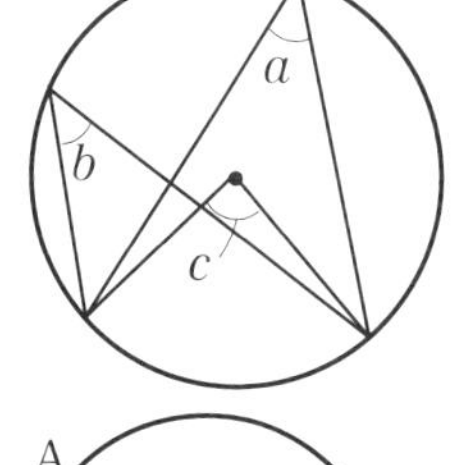

(4) 円周角と中心角

① 同じ弧に対する円周角は等しい。（$\angle a = \angle b$）

② 中心角は円周角の 2 倍（$\angle c = 2\angle a = 2\angle b$）

(5) 接弦定理

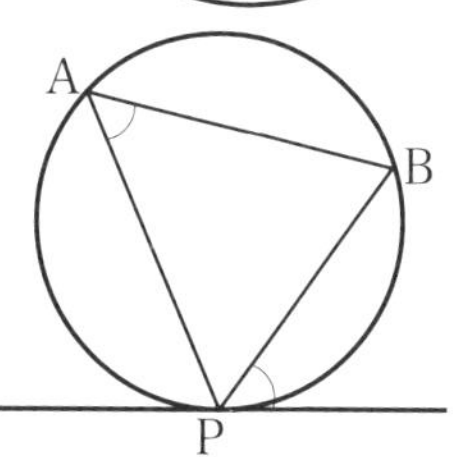

接線と弦のつくる角は，その角の内部にある円弧に対する円周角に等しい。

【例題】右の図は，長方形を線分 AB を折り目として折り返したものです。このとき，$\angle x$ の大きさは何度ですか。

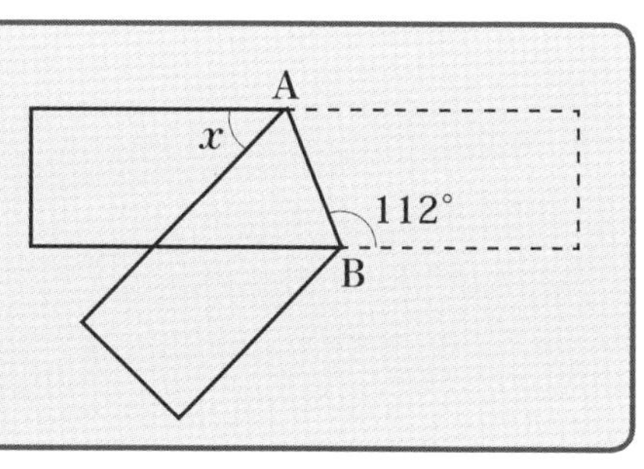

《平面図形》

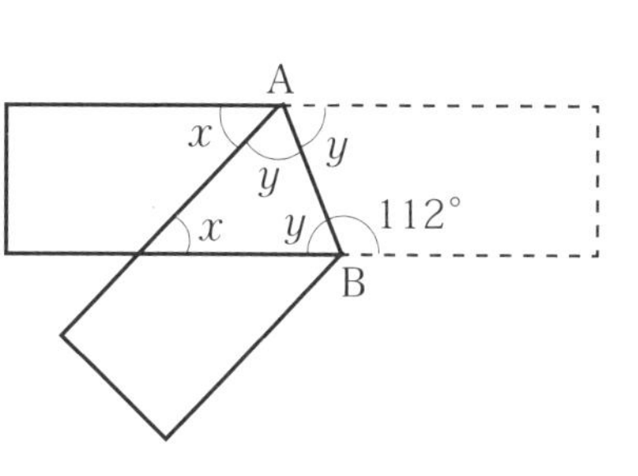

右の図のように，折り返した部分の角を $\angle y$ とおくと，平行線において錯角が等しいから，

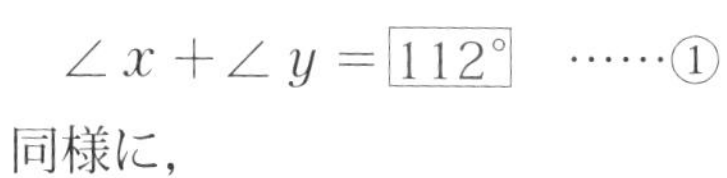

$\angle x + \angle y =$ 112° ……①

同様に，

$\angle y = 180° - 112° =$ 68° ……②

②を①に代入すると，

$\angle x +$ 68° $=$ 112°

したがって，　$\angle x =$ 112° $-$ 68° $=$ 44°

答 44 度

空間図形

球，円錐，角錐などの体積や表面積は確実に求められるようになりましょう。空間図形の問題は図をかきながら考えていきましょう。

(1) 半径 r の球

① 体積 $V=\frac{4}{3}\pi r^3$　　② 表面積 $S=4\pi r^2$

(2) 円錐，角錘の体積

$$V=\frac{1}{3}\times 底面積 \times 高さ$$

2次検定のポイント

2次検定では，すでにあげた項目の中でも，①方程式，②平面図形と空間図形，③2次関数 のテーマからの出題が目立ちます。

①方程式では，連立方程式に関する文章題がよく出題されています。与えられた問題文をよく読んで，条件を整理し，方程式をたてましょう。

②平面図形と空間図形では，いろいろな図形の長さや面積，体積を求める問題とあわせて，図形の合同や作図に関する問題も増えています。問題を解く際には，平行線の性質や相似，三平方の定理，三角形の合同条件などを使うことが多いので，基本的な定理や性質を理解しておきましょう。

③2次関数では，放物線に関する応用問題が主に出題されます。放物線と直線で囲まれた部分の面積，グラフの交点の座標などを求める問題などは，解法パターンの流れを覚えるとともに，図をかきながら考えましょう。

2次検定では，これらの問題のほか，理科や社会を題材にした問題や整数問題，演算規則を問うような問題が出題されることがあります。

理科や社会を題材にした問題では，与えられた表やグラフなどの資料の読みとりや基本的な計算におけるケアレスミスにも注意しましょう。

また，整数問題や演算規則などでは，いくつかの小問に分かれていることが多く，問題文自体がヒントになっていることがあります。前の設問を手がかりに，次の設問を考えていくことがポイントです。

第1回　数学検定

3級

1次　〈計算技能検定〉

―― 検定上の注意 ――

1. 検定時間は50分です。
2. 電卓・ものさし・コンパスを使用することはできません。
3. 解答用紙には答えだけを書いてください。
4. 答えが分数になるとき，約分してもっとも簡単な分数にしてください。
5. 答えに根号が含まれるとき，根号の中の数はもっとも小さい整数にしてください。

※解答用紙は246ページ

1 次の計算をしなさい。

(1) $10+(-3)-(+4)-(-2)$

(2) $7 \div 2 \times (-4)+12$

(3) $-2^2 \times (-2)^2 + 2^3$

(4) $0.5^2 - 1.5^2$

(5) $\sqrt{8}+\sqrt{2}-\frac{1}{\sqrt{2}}$

(6) $(\sqrt{6}-\sqrt{2})(1+\sqrt{3})$

(7) $2(x+2y)-3(x-y)$

(8) $-(a+b)+4(2a-b)$

(9) $\frac{x+3}{2}+\frac{-x+1}{6}$

(10) $\frac{y+2}{4}-\frac{y+3}{6}$

(11) $(2x^2y^2)^2 \div (-xy)^3$

(12) $-24x^5y^6 \div (2xy)^2 \div (-3xy^2)$

2 次の式を展開して計算しなさい。

(13) $(5x+2y)(5x-2y)$

(14) $(2x+1)^2-(2x+3)(2x-5)$

3 次の式を因数分解しなさい。

(15) $x^2+9x+18$

(16) $x^2y-10xy+25y$

4 次の方程式を解きなさい。

(17) $9x-2=6x-11$

(18) $\dfrac{3x+2}{4}-\dfrac{x+4}{6}=1$

(19) $8x^2-72=0$

(20) $x^2-2x-5=0$

5 次の連立方程式を解きなさい。

(21) $\begin{cases} 4x-y=6 \\ x+3y=-5 \end{cases}$

(22) $\begin{cases} 0.5x-0.3y=1.6 \\ \dfrac{5}{6}x+\dfrac{3}{4}y=\dfrac{1}{6} \end{cases}$

6 次の問いに答えなさい。

(23) $x=-3$，$y=-2$ のとき，$2xy-x^2$ の値を求めなさい。

(24) 大小2個のさいころを同時に投げるとき，出る目の数の和が5以上になる確率を求めなさい。

解説・解答▷▶ p.66 〜 p.78

(25)　$\dfrac{\sqrt{3}}{2}$，$\dfrac{\sqrt{6}}{3}$，$\dfrac{2}{\sqrt{5}}$のうちもっとも大きい数を答えなさい。

(26)　y は x に反比例し，$x = -2$ のとき $y = 4$ です。$x = 4$ のときの y の値を求めなさい。

(27)　y は x の 2 乗に比例し，$x = -3$ のとき $y = -36$ です。$y = -8$ のときの x の値を求めなさい。

(28)　七角形の内角の和を求めなさい。

(29)　右の図において，x の値を求めなさい。

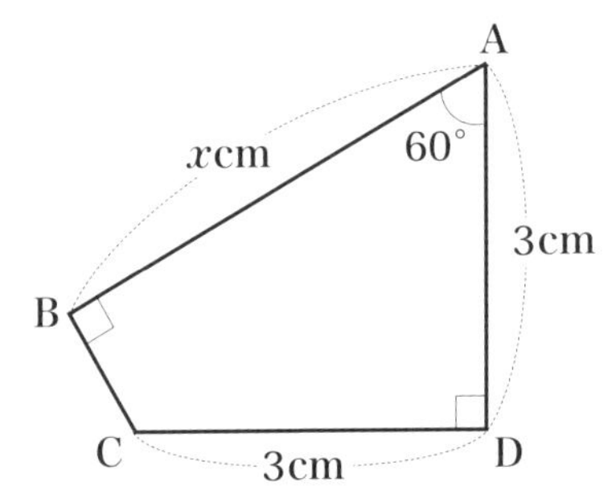

(30)　右の図において，x の値を求めなさい。

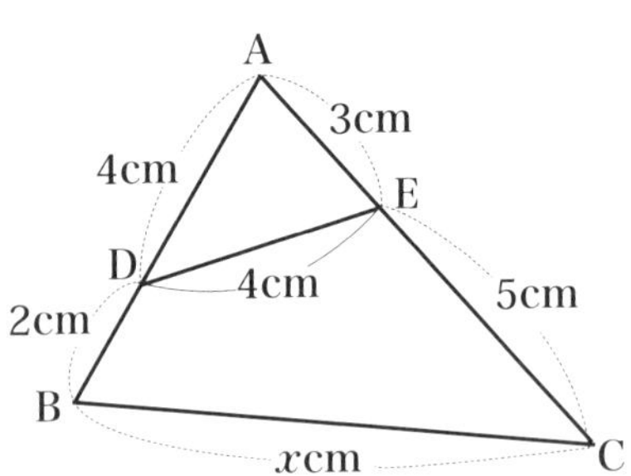

第1回　数学検定

3級

2次 ＜数理技能検定＞

―― 検定上の注意 ――

1. 検定時間は60分です。
2. 電卓を使用することができます。
3. 解答用紙には答えだけを書いてください。答えと解き方が指示されている場合は，その指示にしたがってください。
4. 答えが分数になるとき，約分してもっとも簡単な分数にしてください。
5. 答えに根号が含まれるとき，根号の中の数はもっとも小さい整数にしてください。

※解答用紙は247ページ

1

下の表は，生徒 A，B，C，D，E の数学のテストの得点を E の得点を基準として表したものです。A，B，C の 3 人の得点の平均点が 56 点だったとき，次の問いに答えなさい。

生徒	A	B	C	D	E
E との違い	＋13	−13	−6	＋26	0

(1) A の得点は C より何点高いですか。

(2) E の得点は何点ですか。

(3) A，B，C，D，E の 5 人の平均点を求めなさい。

2

1 辺の長さが 10cm の正方形 ABCD のまわりに糸がまかれています。いま，点 D から糸を張った状態でほどいていくと，糸の端は，右の図のような曲線 DE を描(えが)きました。

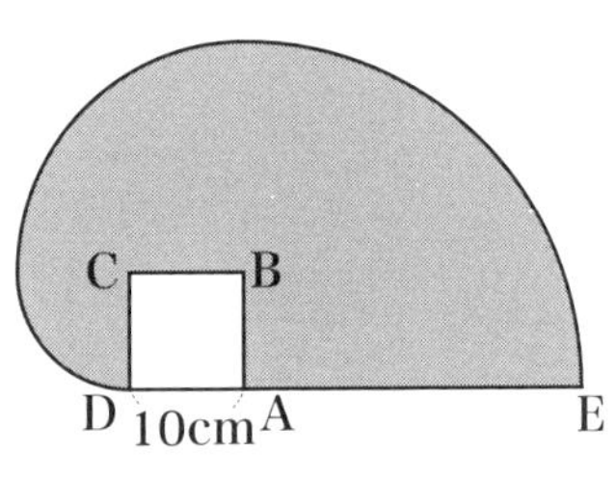

このとき，次の問いに単位をつけて答えなさい。ただし，円周率は π とします。 （測定技能）

(4) 曲線 DE の長さは何 cm ですか。

(5) 図の色がついた部分の面積は何 cm^2 ですか。

3 A 地区と B 地区を結ぶ道は山道で，常に登り坂か下り坂です。S さんは，登り坂では時速 3km，下り坂では時速 6km のペースでいつも歩きます。ある日, S さんが用事で A 地区から B 地区に行って帰ってくるとき，行きは 4 時間，帰りは 5 時間かかりました。このとき，次の問いに答えなさい。

(6) A 地区を出発して B 地区に行くときの登り坂を $x$km，下り坂を $y$km として，x，y を求めるための連立方程式をつくりなさい。

（表現技能）

(7) A 地区と B 地区を結ぶ山道の道のりを，単位をつけて答えなさい。

4 右の図のように，正方形 ABCD と正方形 CEFG が辺 CG を共有して接しています。直線 DE と直線 BG の交点を H とします。このとき，次の問いに答えなさい。

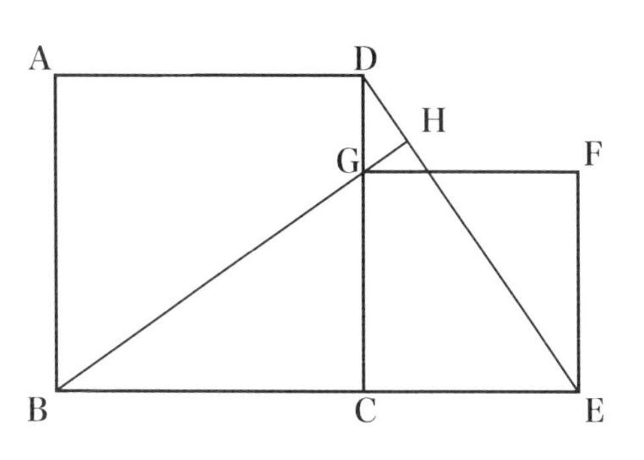

(8) ∠ CBG ＝∠ HDG を証明するには，どの三角形とどの三角形が合同であることを示せばよいですか。

(9) 上の（8）で答えた 2 つの三角形が合同であることを示すときに用いる合同条件を言葉で答えなさい。

(10) BH ⊥ DE となることを証明しなさい。

解説・解答▷▶ p.85 ～ p.92

5　1辺の長さが $x$cm の立方体があります。この立方体の1辺の長さをそれぞれ2cmずつ長くしたところ，表面積が120cm^{2}増加しました。このとき，次の問いに答えなさい。

(11)　x についての方程式をつくりなさい。　(表現技能)

(12)　もとの立方体の表面積は何cm^{2}ですか。単位をつけて答えなさい。この問題は計算の途中の式と答えを書きなさい。

6　右の表は，ある年の都道府県別に幼稚園数と園児数をまとめたものの一部です。これについて，次の問いに答えなさい。　(統計技能)

	都道府県	幼稚園数	園児数(人)
1	東京都	1,042	173,642
2	大阪府	780	120,743
3	神奈川県	728	143,312
4	兵庫県	708	71,557
5	埼玉県	627	115,352
6	千葉県	572	95,757
7	北海道	558	65,725
8	愛知県	522	98,891
9	静岡県	511	62,201
10	福岡県	490	67,329
	全国	13,170	1,604,225

(13)　この表にある都道府県の中で，園児数のいちばん多いところといちばん少ないところとの差は何人ですか。

(14)　全国の幼稚園数をもとにしたとき，大阪府の幼稚園数の割合は何%ですか。答えは小数第2位を四捨五入して小数第1位まで求めなさい。

(15)　東京都における1園あたりの園児数は何人ですか。答えは小数第1位を四捨五入して整数で求めなさい。

7 右の図のように，1 辺 8cm の立方体 ABCD-EFGH があります。点 P，Q は辺 CD，DA の中点とし，4 点 P，Q，E，G を通る平面でこの立方体を切るとき，次の問いに単位をつけて答えなさい。（測定技能）

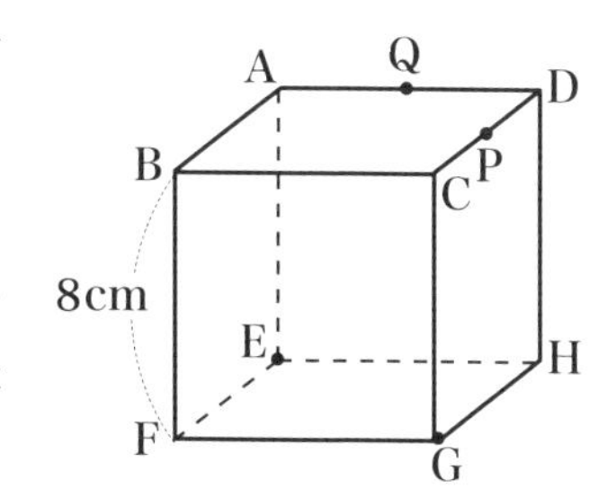

（16） 線分 PG の長さは何 cm ですか。

（17） 切り口の面積は何 cm^2 ですか。

（18） 立方体を切ってできる 2 つの立体のうち，頂点 D をふくむ立体の体積は何 cm^3 ですか。

8 右の図のように，線分 AB と 2 点 C，D があります。このとき，次の問いに答えなさい。

D
C
A ―――――――――――――― B

（19） 線分 AB 上に，∠APC ＝∠BPD となる点 P を，<注>にしたがって作図しなさい。（作図技能）

（<注>は次ページ）

〈注〉ⓐ　コンパスとものさしを使って作図してください。ただし，ものさしは直線をひくことだけに使ってください。

ⓑ　コンパスの線ははっきりと見えるようにかいてください。コンパスの針をさした位置に，・の印をつけてください。

ⓒ　分度器は使わないでください。

ⓓ　作図に用いた線は消さないで残しておき，線をひいた順に①，②，③，……の番号を書いてください。

9　生徒数が321名の高等学校で，生徒会長を決める選挙をしました。A，B，C，Dの4人が立候補し，投票が行われました。すべての生徒が投票し，無効票はなかったとき，次の問いに答えなさい。

(20)　220票まで開票したところ，Aが75票，Bが65票，Cが55票，Dが25票となりました。Cが必ず当選するためには，あと何票必要ですか。

第2回　数学検定

3級

1次 <計算技能検定>

—— 検定上の注意 ——

1. 検定時間は50分です。
2. 電卓・ものさし・コンパスを使用することはできません。
3. 解答用紙には答えだけを書いてください。
4. 答えが分数になるとき，約分してもっとも簡単な分数にしてください。
5. 答えに根号が含まれるとき，根号の中の数はもっとも小さい整数にしてください。

※解答用紙は248ページ

1 次の計算をしなさい。

(1) $(-21)-(-13)+(-8)$

(2) $-9-(-48)\div 8$

(3) $(-3)^2\times(-2)-4^2$

(4) $-\dfrac{2}{5}\times\dfrac{1}{8}-\left(-\dfrac{1}{2}\right)^2$

(5) $\sqrt{18}-\sqrt{32}+\sqrt{50}$

(6) $(\sqrt{3}-1)(\sqrt{3}+3)-\dfrac{6}{\sqrt{3}}$

(7) $3(2x-7)+6(3x+2)$

(8) $0.3(x-3)-0.4(2x-1)$

(9) $2(3x-4y)-3(2x-5y)$

(10) $\dfrac{2x-3y}{6}-\dfrac{x+y}{4}$

(11) $-6x^6y^8\div 3x^2y^4$

(12) $\left(\dfrac{x^3}{2}\right)^2\div\dfrac{3x^2y^3}{8}\times 6xy^5$

2 次の式を展開して計算しなさい。

(13) $(2a+3b)(-2a+3b)$

(14) $(x-3)^2-(x-2)(x-4)$

3 次の式を因数分解しなさい。

(15) $x^2 - 5x - 24$

(16) $(x + y)(2x + y) - (x + y)$

4 次の方程式を解きなさい。

(17) $8x - 6 = 2x - 2$

(18) $0.9x + 3 = -0.7x - 0.2$

(19) $x^2 = 5x$

(20) $x^2 + 8x + 4 = 0$

5 次の連立方程式を解きなさい。

(21) $\begin{cases} 2x + 3y = 9 \\ x - 2y = 1 \end{cases}$

(22) $\begin{cases} 0.3x - 0.2y = 0.1 \\ \dfrac{1}{2}x + \dfrac{1}{3}y = \dfrac{5}{6} \end{cases}$

6 次の問いに答えなさい。

(23) $a = 4$, $b = -3$ のとき，$-3ab - 2b^2$ の値を求めなさい。

(24) 1 個のさいころを 2 回投げるとき，偶数と奇数が 1 回ずつ出る確率を求めなさい。

解説・解答▷▶ p.101 ～ p.113

(25)　右の図の直角三角形について，x の値を求めなさい。

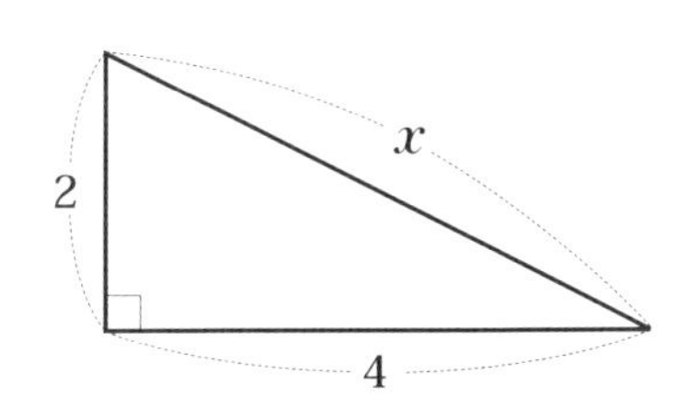

(26)　1次関数 $y = -3x + 2$ において，$x = -2$ のときの y の値を求めなさい。

(27)　y は x の2乗に比例し，$x = -4$ のとき $y = 40$ です。このとき，y を x の式で表しなさい。

(28)　右の図で，OP ＝ PQ ＝ QR ＝ RSのとき，$\angle x$ の大きさは何度ですか。

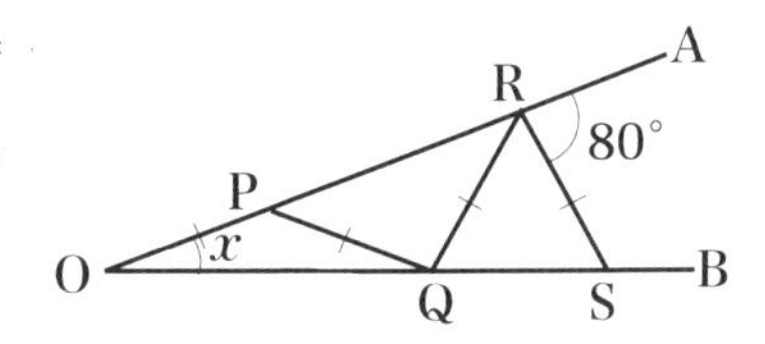

(29)　右の図で，$\ell \parallel m$，五角形ABCDEが正五角形のとき，$\angle x$ の大きさは何度ですか。

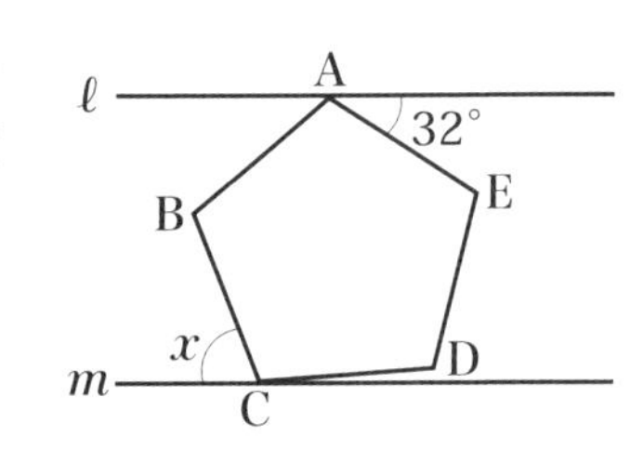

(30)　右の図のように，正方形ABCDの辺BCの中点Mと点Dを結ぶ線分と，対角線ACとの交点をPとするとき，△ABPの面積は何 cm^2 ですか。

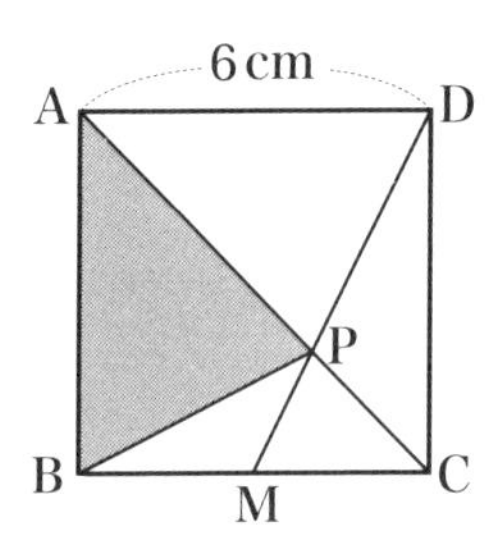

解説・解答▷▶ p.115 ～ p.119

第2回　数学検定

3級

2次〈数理技能検定〉

検定上の注意

1. 検定時間は60分です。
2. 電卓を使用することができます。
3. 解答用紙には答えだけを書いてください。答えと解き方が指示されている場合は，その指示にしたがってください。
4. 答えが分数になるとき，約分してもっとも簡単な分数にしてください。
5. 答えに根号が含まれるとき，根号の中の数はもっとも小さい整数にしてください。

※解答用紙は249ページ

1　4 つの整数 a, b, c, d から 2 つずつとって和をつくると，33, 35, 38, 41, 44, 46 になりました。4 つの整数の大小の関係が $a < b < c < d$ のとき，次の問いに答えなさい。

(1)　$a + b$, $a + c$, $b + d$, $c + d$ をそれぞれ求めなさい。

(2)　$b + c$ を求めなさい。

(3)　a, b, c, d をそれぞれ求めなさい。

2　右の図のように，半径が 10cm の半円 OAB を点 A を中心に 30° 回転し，半円 O'AB' に移動しました。このとき，次の問いに単位をつけて答えなさい。ただし，円周率は π とします。　　(測定技能)

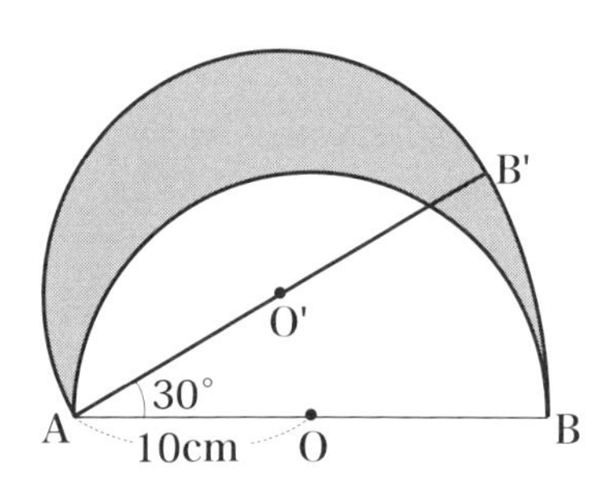

(4)　色のついた部分のまわりの長さは何 cm ですか。

(5)　色のついた部分の面積は何 cm^2 ですか。

3 けんじさんとたけしさんは，それぞれ20点の持ち点で，あるゲームを始めました。1回のゲームごとに勝敗を決め，勝ったほうは持ち点を3点増やし，負けたほうは1点減らすことにしました。このゲームを20回くり返したとき，けんじさんの持ち点はたけしさんの持ち点の3倍になりました。けんじさんの勝った回数をx回，たけしさんの勝った回数をy回として，次の問いに答えなさい。ただし，このゲームには引き分けはありません。

(6) x, yを求めるための連立方程式をつくりなさい。（表現技能）

(7) けんじさんとたけしさんが勝った回数をそれぞれ求めなさい。

4 右のように，正方形ABCDと正方形CPQRが頂点Cを共有して重なっています。このとき，次の問いに答えなさい。

（証明技能）

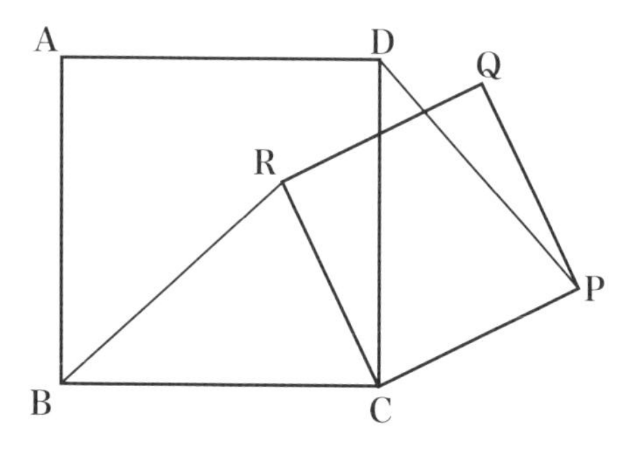

(8) BR = DPを証明するには，どの三角形とどの三角形が合同であることを示せばよいですか。

(9) ∠BCR =∠DCPとなることを証明しなさい。

(10) 上の（8）で答えた2つの三角形が合同であることを示すときに用いる合同条件を言葉で答えなさい。

解説・解答▷▶ p.120 ～ p.125

5 縦 $x$cm，横 $3x$cm の長方形があります。これについて，次の問いに単位をつけて答えなさい。

(11) 縦の長さを 8cm 長くし，横の長さを 9cm 短くすると，面積はもとの長方形より何 cm^2 大きくなりますか。答えは x を用いて表し，展開して整理した形で答えなさい。 (表現技能)

(12) (11) で，面積がもとの長方形の 25%だけ大きくなるとき，もとの長方形の縦と横の長さはそれぞれ何 cm ですか。この問題は，計算の途中の式と答えを書きなさい。

6 下の表は，2010 年から 2050 年にかけての世界人口の推移を予測したものです。これについて，次の問いに答えなさい。

(統計技能)

世界人口の推移 (2010 ～ 2050 年)

年次	世界 (100 万人)	アジア	北アメリカ	南アメリカ	ヨーロッパ	アフリカ	オセアニア
2010	6,896	4,164	542	393	738	1,022	37
2015	7,284	4,375	569	413	742	1,145	39
2020	7,657	4,566	595	431	744	1,278	42
2025	8,003	4,730	619	448	744	1,417	45
2030	8,321	4,868	642	461	741	1,562	47
2035	8,612	4,978	662	472	737	1,713	49
2040	8,874	5,061	680	480	732	1,870	51
2045	9,106	5,115	696	486	726	2,030	53
2050	9,306	5,142	710	488	719	2,192	55

総務省統計局

(13) 2010年と2050年を比べたとき，世界の6つの地域の中で人口が減少しているところはどこですか。

(14) 2050年において，アジアの人口は，世界の人口の何％になりますか。答えは小数第2位を四捨五入して小数第1位まで求めなさい。

(15) 2010年のアフリカの人口を1としたときの2050年のアフリカの人口を求めなさい。答えは小数第3位を四捨五入して小数第2位まで求めなさい。

7 右の図のように，半径2cm，高さ4cmの直円柱を，直線OO′と平行な平面ABCDで2つに分けたうちの大きいほうの立体があります。∠AOB＝60°であるとき，次の問いに単位をつけて答えなさい。ただし，円周率はπとします。

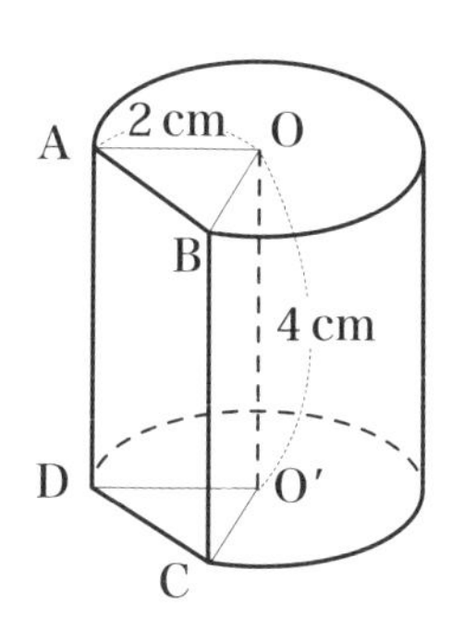

(16) この立体の体積は何cm^3ですか。

(17) この立体の表面積は何cm^2ですか。

(18) 点Aから円柱の側面を通って点Cに至る最短距離は何cmですか。

解説・解答▷▶ p.126 ～ p.132

8

右の図のように，線分 OA，OB と点 P があります。このとき，次の問いに答えなさい。

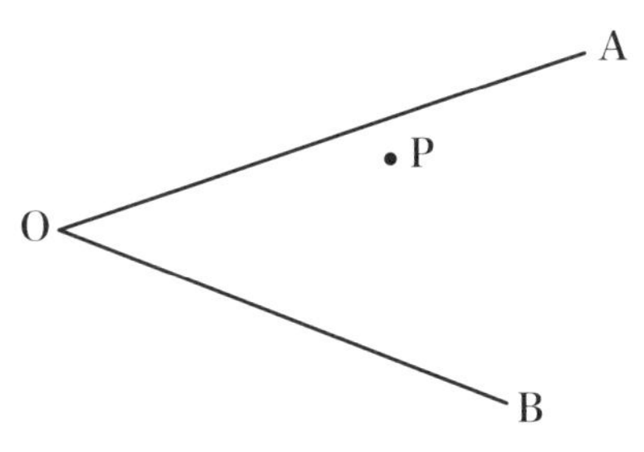

(19)　点 P を通る直線と線分 OA，OB との交点をそれぞれ点 Q，R とするとき，OQ ＝ OR となる点 Q，R を，〈注〉にしたがって作図しなさい。　(作図技能)

〈注〉ⓐ　コンパスとものさしを使って作図してください。ただし，ものさしは直線をひくことだけに使ってください。

ⓑ　コンパスの線ははっきりと見えるようにかいてください。コンパスの針をさした位置に，・の印をつけてください。

ⓒ　分度器は使わないでください。

ⓓ　作図に用いた線は消さないで残しておき，線をひいた順に①，②，③，……の番号を書いてください。

9

x は有理数とします。次の問いに答えなさい。

(20)　3つの数 $\frac{21}{8}x$，$\frac{35}{12}x$，$\frac{49}{18}x$ が，すべて自然数となるような x のうち，もっとも小さいものを求めなさい。　(整理技能)

解説・解答▷▶ p.133 ～ p.134

第3回　数学検定

3級

1次 ＜計算技能検定＞

―― 検定上の注意 ――

1. 検定時間は 50 分です。
2. 電卓・ものさし・コンパスを使用することはできません。
3. 解答用紙には答えだけを書いてください。
4. 答えが分数になるとき，約分してもっとも簡単な分数にしてください。
5. 答えに根号が含まれるとき，根号の中の数はもっとも小さい整数にしてください。

※解答用紙は 250 ページ

1 次の計算をしなさい。

(1) $-7+6-17+5$

(2) $-17-(-52)\div(-4)$

(3) $(-2)^2+(-2)\times(-3^2)$

(4) $0.2^2-(-0.3)^2$

(5) $\sqrt{2}(3\sqrt{6}-\sqrt{2})-2\sqrt{27}$

(6) $(\sqrt{2}+1)^2-\dfrac{10}{\sqrt{2}}$

(7) $5(3x-4)-3(2x+5)$

(8) $1.2(x-0.3)-1.6(3x-0.2)$

(9) $5(2x-y)-2(3x-6y)$

(10) $\dfrac{2x-y}{3}-\dfrac{x-y}{2}$

(11) $48x^3y^6\div(-6x^2y^3)$

(12) $\dfrac{5}{6}x^3y^2\div\left(\dfrac{2}{3}xy^3\right)^2\times\dfrac{16}{15}y^5$

2 次の式を展開して計算しなさい。

(13) $(2x-y)(x+3y)$

(14) $(4x-1)(4x+3)-(4x-3)^2$

3 次の式を因数分解しなさい。

(15) $x^2 - 10x + 16$

(16) $x^3y - 4x^2y + 4xy$

4 次の方程式を解きなさい。

(17) $6x - 7 = 2x + 17$

(18) $1.2x + 1 = 0.5x - 1.1$

(19) $2x^2 - 25 = 0$

(20) $x^2 + 6x + 7 = 0$

5 次の連立方程式を解きなさい。

(21) $\begin{cases} 2x + 3y = -1 \\ 3x - 2y = 5 \end{cases}$

(22) $\begin{cases} 0.8x - 0.5y = 0.6 \\ \frac{3}{4}x - \frac{2}{3}y = \frac{1}{6} \end{cases}$

6 次の問いに答えなさい。

(23) $a = 3$, $b = -2$ のとき，$3a - 2b^2$ の値を求めなさい。

(24) 10 円玉 1 枚と 100 円玉 1 枚を同時に投げるとき，1 枚が表，1 枚が裏になる確率を求めなさい。

解説・解答▷▶ p.136 ～ p.148

(25)　$\dfrac{1}{\sqrt{8}}$，$\dfrac{2}{\sqrt{9}}$，$\dfrac{3}{\sqrt{10}}$ のうちもっとも大きい数を求め，分母を有理化して答えなさい。

(26)　y は x に反比例し，$y=3$ のとき $x=-4$ です。$x=2$ のときの y の値を求めなさい。

(27)　y は x の２乗に比例し，$x=\sqrt{2}$ のとき $y=4$ です。$x=2$ のとき y の値を求めなさい。

(28)　正十二角形の１つの外角の大きさを求めなさい。

(29)　右の図において，x の値を求めなさい。

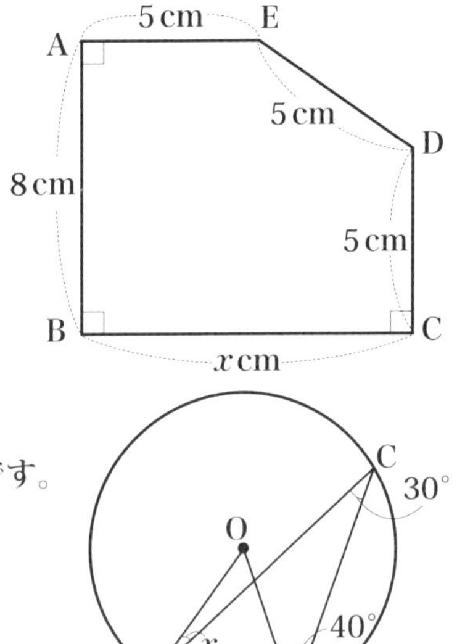

(30)　右の図において，点Ｏは円の中心です。このとき，$\angle x$ の大きさを求めなさい。

第3回　数学検定

3級

2次　<数理技能検定>

—— 検定上の注意 ——

1. 検定時間は60分です。
2. 電卓を使用することができます。
3. 解答用紙には答えだけを書いてください。答えと解き方が指示されている場合は，その指示にしたがってください。
4. 答えが分数になるとき，約分してもっとも簡単な分数にしてください。
5. 答えに根号が含まれるとき，根号の中の数はもっとも小さい整数にしてください。

※解答用紙は251ページ

1　A，B，C，D の 4 人の小テストの平均点が 8 点でした。A は C よりも 2 点低く，D は C よりも 1 点高く，4 人のうち 2 人は同じ点だったとき，次の問いに答えなさい。ただし，得点は整数とします。

（整理技能）

（1）　4 人の得点の合計は何点ですか。

（2）　D は A よりも何点高いですか。

（3）　D は何点でしたか。

2　右の図のような 1 辺の長さが 6cm の立方体があります。この立方体を頂点 A，C，F を通る平面で切るとき，次の問いに単位をつけて答えなさい。　（測定技能）

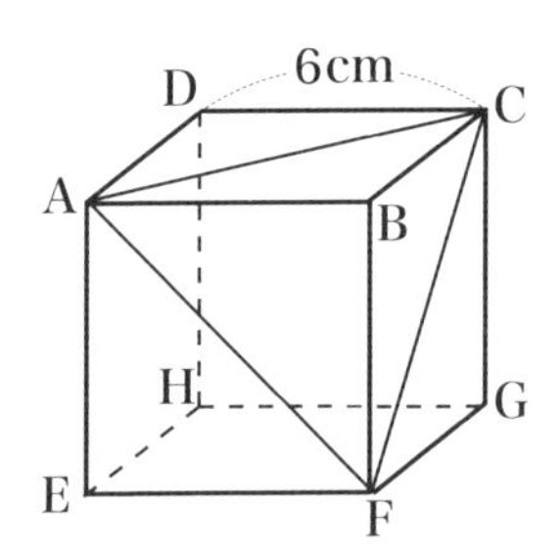

（4）　切り口の△ ACF の面積を求めなさい。

（5）　平面 ACF で切り取られる四面体 ABCF の体積を求めなさい。

3　A 君の先月の食費は，収入から住居費 5 万円をひいた金額の 28%でした。今月は，先月に比べて収入が 10%，住居費が 5%増加し，食費は 3400 円減少しました。その結果，今月の食費は収入から住居費をひいた金額の 24%になりました。

A 君の先月の収入を x 万円，食費を y 万円として，次の問いに答えなさい。

(6)　x, y を求めるための連立方程式をつくりなさい。　（表現技能）

(7)　A 君の今月の収入を求め，単位をつけて答えなさい。

4　右の図のように，正方形 ABCD の辺 BC，CD 上に ∠ BAE ＝ ∠ CBF となるように順に点 E，F をとります。このとき，次の問いに答えなさい。

（証明技能）

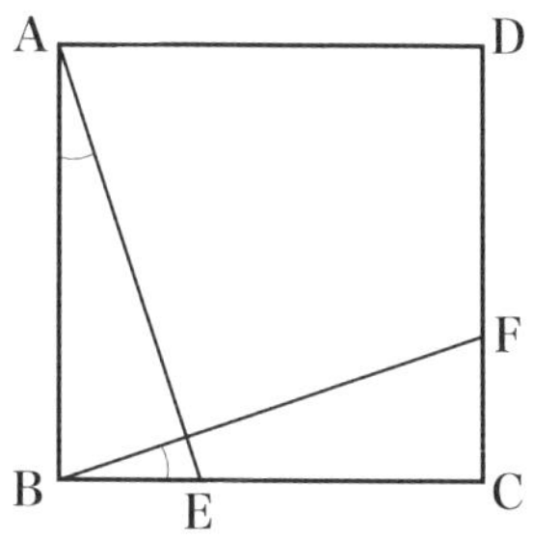

(8)　AE ＝ BF であることを証明するには，どの三角形とどの三角形が合同であることを示せばよいですか。

(9)　上の（8）で答えた 2 つの三角形が合同であることを示すときに用いる合同条件を言葉で答えなさい。

(10)　EC ＝ FD となることを証明しなさい。

解説・解答 ▷▶ p.155 〜 p.162

5 右の図のように，関数 $y=x^2$ のグラフ上に，OA = OB となるように2点A, Bをとって，Aの x 座標を a とします。このとき，次の問いに答えなさい。

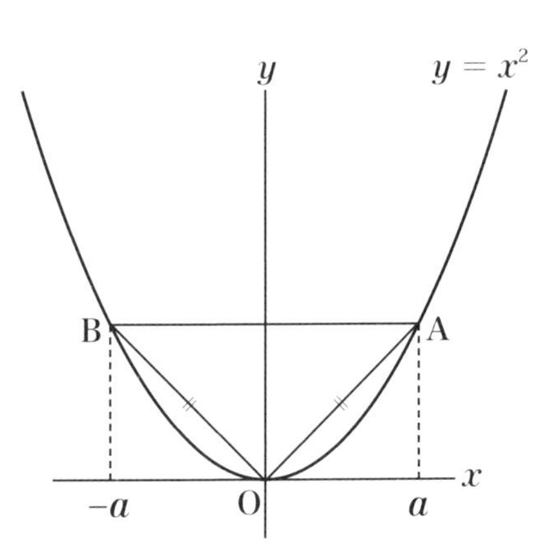

(11) $\angle AOB = 90°$ のとき，a の値を求めなさい。

(12) $\angle AOB = 60°$ のとき，a の値を求めなさい。この問題は計算の途中の式と答えを書きなさい。

6 右の表は，あるクラスにおける数学と英語の小テストの結果をまとめたものです。これについて，次の問いに答えなさい。

（統計技能）

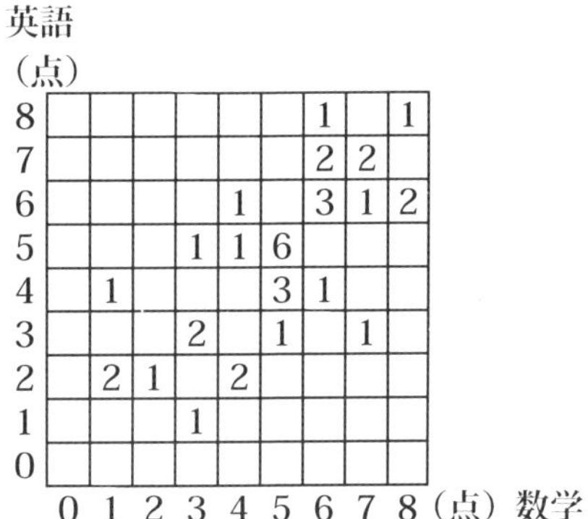

英語（点）＼数学（点）	0	1	2	3	4	5	6	7	8
8							1		1
7							2	2	
6					1		3	1	2
5				1	1	6			
4		1				3	1		
3				2		1		1	
2		2	1		2				
1				1					
0									

□の中は人数を表しています。

(13) 数学の小テストにおいて，何点の生徒がいちばん多いですか。

(14)　クラス全体に対して，数学も英語も 6 点以上である生徒の割合は何％ですか。答えは小数第 2 位を四捨五入して小数第 1 位まで求めなさい。

(15)　数学と英語では，どちらの平均点が高いでしょうか。

7　右の図のように，底面の半径が 6cm，高さが 8cm の円錐に，球 O が内接しています。このとき，次の問いに単位をつけて答えなさい。ただし，円周率は π とします。

（測定技能）

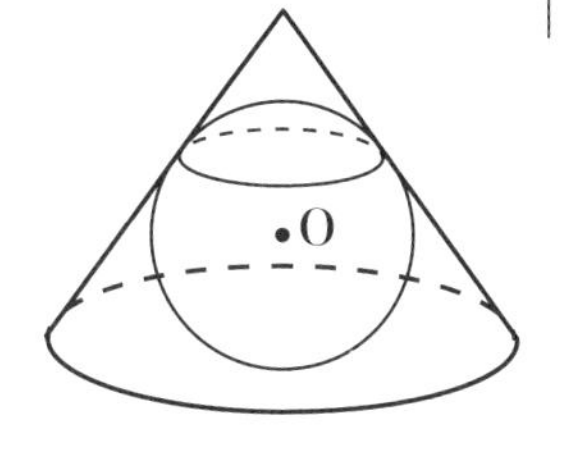

(16)　この円錐の体積は何 cm^3 ですか。

(17)　球 O の半径は何 cm ですか。

(18)　球 O が円錐の側面と接している部分の曲線の長さは何 cm ですか。

解説・解答▷▶ p.163 ～ p.168

8　右の図のように，線分 OA と線分 OB が点 O で垂直に交わっています。このとき，次の問いに答えなさい。

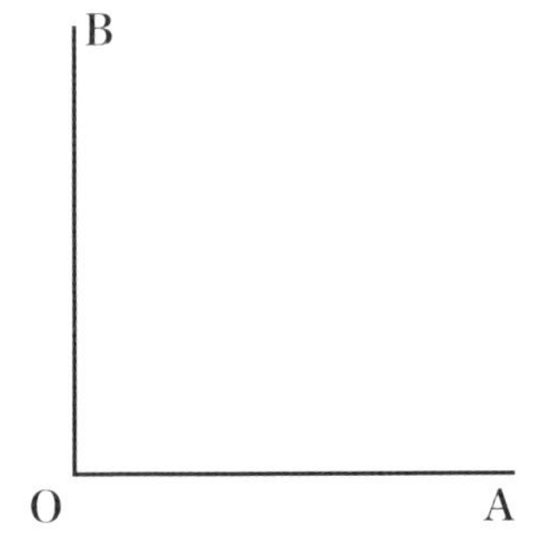

(19)　∠AOB を 3 等分する線分 OP，OQ を，<注>にしたがって作図しなさい。　（作図技能）

<注> ⓐ　コンパスとものさしを使って作図してください。ただし，ものさしは直線をひくことだけに使ってください。

ⓑ　コンパスの線ははっきりと見えるようにかいてください。コンパスの針をさした位置に，・の印をつけてください。

ⓒ　分度器は使わないでください。

ⓓ　作図に用いた線は消さないで残しておき，線をひいた順に①，②，③，……の番号を書いてください。

9　次の問いに答えなさい。

(20)　4 けたの自然数を ABCD，その数字を逆にならべた 4 けたの自然数を DCBA と表すことにします。この 2 つの数の和が 100 の倍数になるとき，その和を求めなさい。ただし，A と D は 0 でない整数とします。

解説・解答▷▶ p.169 ～ p.170

第4回　数学検定

3級

1次　＜計算技能検定＞

—— 検定上の注意 ——

1. 検定時間は50分です。
2. 電卓・ものさし・コンパスを使用することはできません。
3. 解答用紙には答えだけを書いてください。
4. 答えが分数になるとき，約分してもっとも簡単な分数にしてください。
5. 答えに根号が含まれるとき，根号の中の数はもっとも小さい整数にしてください。

※解答用紙は252ページ

1 次の計算をしなさい。

(1) $(-19)+(-37)-(-9)$

(2) $-12+36\div(-9)$

(3) $(-5^2)-(-2)^2\times 3$

(4) $-\frac{3}{4}\times 0.4+\frac{2}{3}\div 0.4$

(5) $\sqrt{27}-\sqrt{75}-\sqrt{48}$

(6) $\frac{12}{\sqrt{6}}-(\sqrt{3}-\sqrt{2})^2$

(7) $2(4x-3)-5(2x-6)$

(8) $0.4(x-5)-0.6(2x-4)$

(9) $4(2a-b)-5(3a+4b)$

(10) $\frac{5x+3y}{6}-\frac{3x-5y}{8}$

(11) $32x^4y^7\div 8xy^4$

(12) $-\frac{3}{4}xy^3\div\left(-\frac{1}{2}x^2y\right)^2\times\frac{5}{3}x^3y^4$

2 次の式を展開して計算しなさい。

(13) $(3x-5y)(3x+5y)$

(14) $(2x-1)(2x-5)-(2x-3)^2$

3 次の式を因数分解しなさい。

(15) $2x^3-8x$

(16) $3x^2-6x-9$

4 次の方程式を解きなさい。

(17) $7x-5=3x-3$

(18) $\frac{2x-1}{3}-\frac{x-8}{6}=2$

(19) $3x^2-24=0$

(20) $x^2+5x+1=0$

5 次の連立方程式を解きなさい。

(21) $\begin{cases} 4x+3y=5 \\ x=-y+1 \end{cases}$

(22) $\begin{cases} \frac{x}{8}+\frac{y}{12}=1 \\ 0.2x+0.6y=3 \end{cases}$

6 次の問いに答えなさい。

(23) $a=-2$，$b=5$ のとき，$3a^2-4b$ の値を求めなさい。

(24) 大小 2 個のさいころを同時に投げるとき，出る目の数の積が 4 の倍数になる確率を求めなさい。

解説・解答▷▶ p.171 ～ p.183

(25)　等式 $3x+2y=1$ を y について解きなさい。

(26)　y は x に比例し，$x=-2$ のとき $y=6$ です。$x=3$ のときの y の値を求めなさい。

(27)　y は x の 2 乗に比例し，$x=2$ のとき $y=16$ です。$x=-3$ のときの y の値を求めなさい。

(28)　正十角形の 1 つの外角の大きさを求めなさい。

(29)　右の図で，$\ell \parallel m$ のとき，$\angle x$ の大きさは何度ですか。

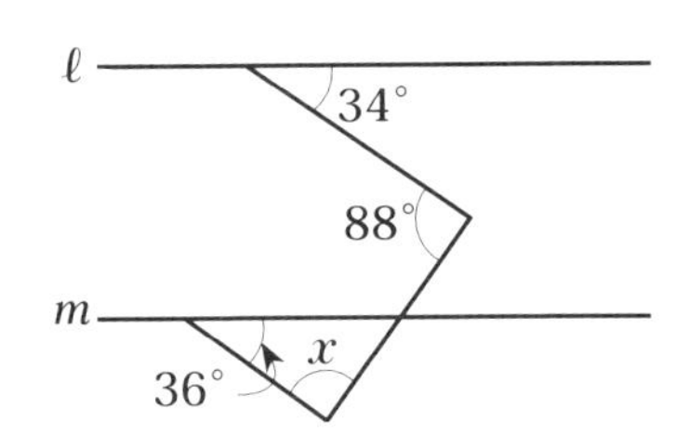

(30)　右の図のように，点 O を中心とし，直径を AB とする半円があります。

AD // OC，$\angle$ DAO $=38^\circ$ のとき，$\angle x$ の大きさは何度ですか。

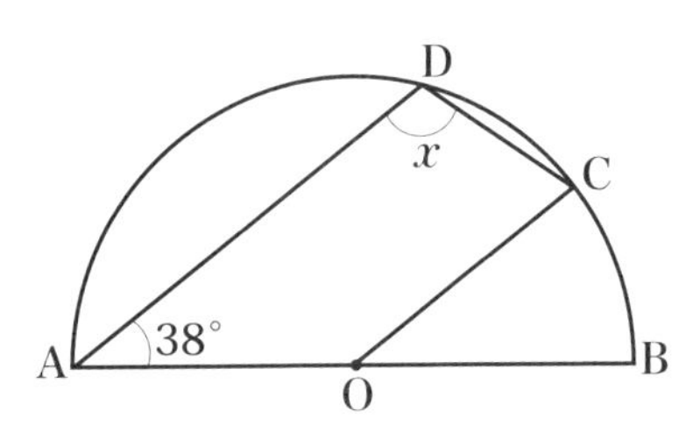

第4回　数学検定

3級

2次　＜数理技能検定＞

―― 検定上の注意 ――

1. 検定時間は60分です。
2. 電卓を使用することができます。
3. 解答用紙には答えだけを書いてください。答えと解き方が指示されている場合は，その指示にしたがってください。
4. 答えが分数になるとき，約分してもっとも簡単な分数にしてください。
5. 答えに根号が含まれるとき，根号の中の数はもっとも小さい整数にしてください。

※解答用紙は253ページ

1　a, b, c, dを実数とします。2つの数の組（a, b）と（c, d）に対して，

・記号$*$は，$(a,\ b)*(c,\ d)=ac+bd$

・記号#は，$(a,\ b)\#(c,\ d)=ad+bc$

であるとします。このとき，次の問いに答えなさい。

(1)　$(1,\ 2)*(3,\ 4)$ と $(1,\ 2)\#(3,\ 4)$ の値をそれぞれ求めなさい。

(2)　xの方程式 $(x,\ 1)*(2,\ 3)=(x,\ 1)\#(2,\ 3)$ を解きなさい。

(3)　xの方程式 $(x,\ 1)*(x,\ 2)=(x,\ 1)\#(x,\ 2)$ を解きなさい。

2　展開図が右の図のようになる正四角錐について，次の問いに単位をつけて答えなさい。

（測定技能）

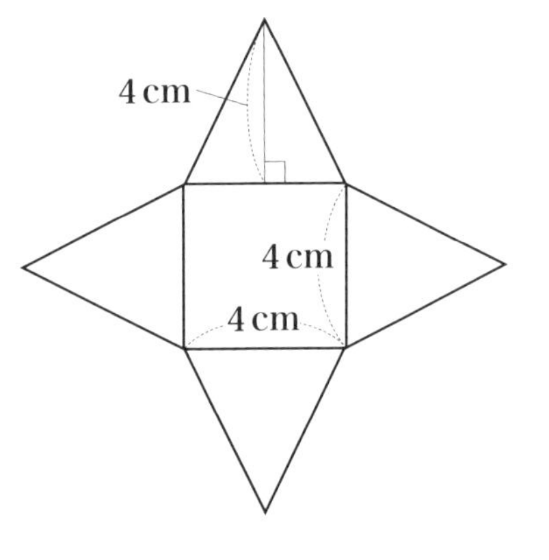

(4)　この正四角錐の高さは何 cm ですか。

(5)　この正四角錐の体積は何 cm^3 ですか。

3 濃度が異なる 200g の食塩水 A と 300g の食塩水 B があります。この食塩水 A と B をすべて混ぜたら，食塩水 A より 3%低い濃度の食塩水ができました。その後，さらに水を 500g 入れると，食塩水 B と同じ濃度になりました。食塩水 A の濃度を x%，食塩水 B の濃度を y%として，次の問いに答えなさい。

(6) x，y を求めるための連立方程式をつくりなさい。 (表現技能)

(7) 食塩水 A，B の濃度をそれぞれ求め，単位をつけて答えなさい。

4 右の図のように，AB = AC の二等辺三角形の辺 AB，BC，CA 上に BQ = CR，CQ = PB となるように，順に P，Q，R をとります。このとき，次の問いに答えなさい。

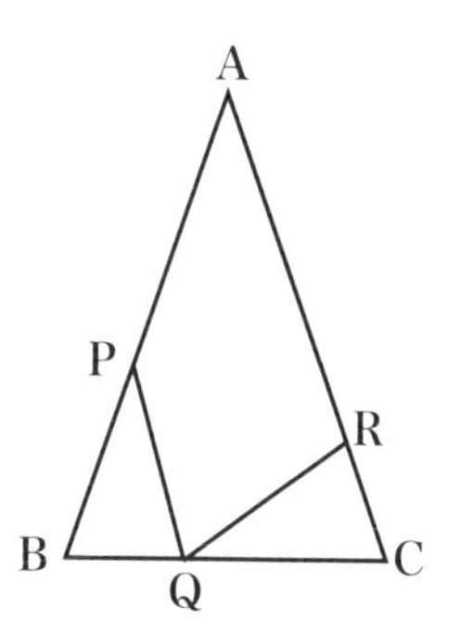

(8) ∠QPB = ∠RQC であることを証明するには，どの三角形とどの三角形が合同であることを示せばよいですか。

(9) 上の (8) で答えた 2 つの三角形が合同であることを示すときに用いる合同条件を言葉で答えなさい。

(10) ∠PQR = ∠B となることを証明しなさい。

解説・解答▷▶ p.190 ～ p.196

5

右の図の直線は $y = x + 1$ のグラフです。点Sは直線 $y = x + 1$ 上の点で，四角形PQRSは，x 軸上に1辺がある正方形です。点Pの x 座標が a のとき，次の問いに答えなさい。

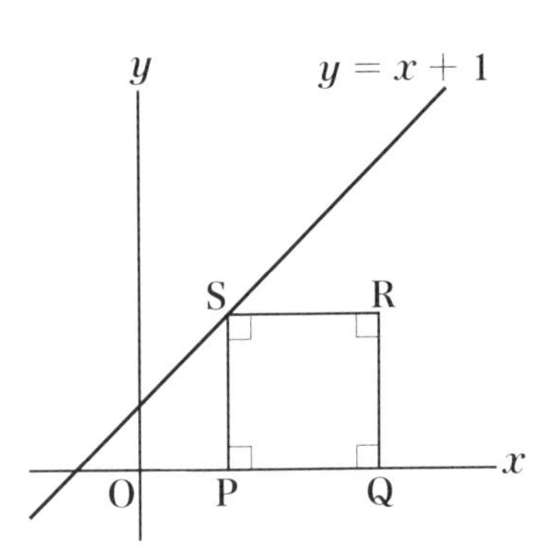

(11)　点Rの座標を a を用いて表しなさい。

(12)　点Qの x 座標が9のとき，点Sの座標を求めなさい。この問題は計算の途中の式と答えを書きなさい。

6

右の表は，ある年のキウイフルーツの収穫量をまとめたものの一部です。これについて，次の問いに答えなさい。　（統計技能）

キウイフルーツ

全国 都道府県	収穫量 (t)
全　国	29,800
栃　木	980
神奈川	1,950
山　梨	1,100
静　岡	1,610
和歌山	3,560
愛　媛	7,400
福　岡	5,410

(13)　愛媛県の収穫量は静岡県の収穫量より何t多いですか。単位をつけて答えなさい。

(14)　福岡県の収穫量は，山梨県の収穫量の何倍ですか。答えは小数第3位を四捨五入して小数第2位まで求めなさい。

(15)　全国の収穫量をもとにしたとき，和歌山県の収穫量の割合は何％ですか。答えは小数第2位を四捨五入して小数第1位まで求めなさい。

7　右の図のような1辺の長さが2cmの正六角形ABCDEFがあります。辺BC，DEの中点をそれぞれP，Qとするとき，次の問いに単位をつけて答えなさい。

（測定技能）

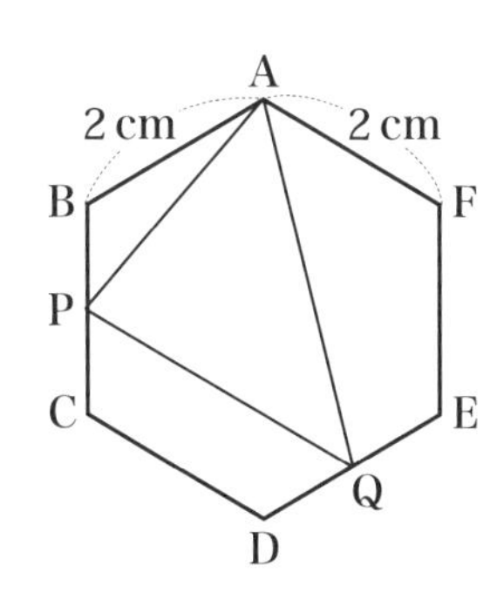

(16)　PQの長さは何cmですか。

(17)　APの長さは何cmですか。

(18)　△APQの面積は何cm^2ですか。

8　右の図の線分PQは，線分ABを回転移動したもので，点Aと点P，点Bと点Qがそれぞれ対応しています。

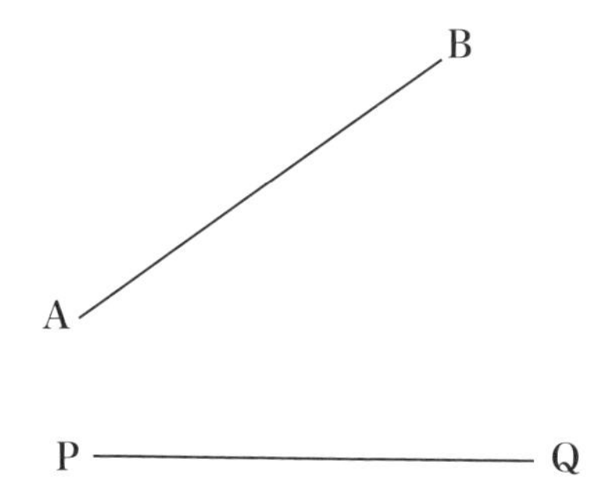

(19)　回転の中心Oを〈注〉にしたがって作図しなさい。　(作図技能)

〈注〉ⓐ　コンパスとものさしを使って作図してください。ただし，ものさしは直線をひくことだけに使ってください。

（〈注〉は次ページに続く）

解説・解答▷▶ p.197 ～ p.203

ⓑ　コンパスの線ははっきりと見えるようにかいてください。コンパスの針をさした位置に，・の印をつけてください。

ⓒ　分度器は使わないでください。

ⓓ　作図に用いた線は消さないで残しておき，線をひいた順に①，②，③，……の番号を書いてください。

9 次の問いに答えなさい。

(20)　$\sqrt{540-6N}$ が自然数となるような自然数 N は何個ありますか。

解説・解答▷▶ p.204

第5回　数学検定

3級

1次 ＜計算技能検定＞

―― 検定上の注意 ――

1. 検定時間は50分です。
2. 電卓・ものさし・コンパスを使用することはできません。
3. 解答用紙には答えだけを書いてください。
4. 答えが分数になるとき，約分してもっとも簡単な分数にしてください。
5. 答えに根号が含まれるとき，根号の中の数はもっとも小さい整数にしてください。

※解答用紙は254ページ

1 次の計算をしなさい。

(1) $6-18-(-10)$

(2) $24-84\div(-6)$

(3) $6^2\times(-2)-(-4^2)$

(4) $\dfrac{2}{3}\times\left(-\dfrac{3}{4}\right)-\left(-\dfrac{3}{4}\right)^2$

(5) $\sqrt{72}-\sqrt{3}(2\sqrt{6}-3\sqrt{3})$

(6) $(\sqrt{2}-2)^2-(\sqrt{2}+1)(\sqrt{2}-1)$

(7) $4(x-5)-3(4x-1)$

(8) $0.5(3x-0.2)-1.2(2x-3)$

(9) $2(4x+3y)-4(3x-4y)$

(10) $\dfrac{3x-2y}{4}-\dfrac{2x+3y}{6}$

(11) $-24x^5y^5\div 4x^2y^3$

(12) $\left(-\dfrac{3x^2y^3}{2}\right)^2\div\dfrac{x^3y}{12}\times 3x^2$

2 次の式を展開して計算しなさい。

(13) $(4x-3y)(3x+4y)$

(14) $(x-2)^2-(x-1)(x-5)$

3 次の式を因数分解しなさい。

(15) $36x^2 - 25y^2$

(16) $x^2y - 6xy + 8y$

4 次の方程式を解きなさい。

(17) $5x - 8 = -2(x - 3)$

(18) $1.2x + 1 = 0.3x - 0.8$

(19) $3x^2 - 4 = 0$

(20) $2x^2 + 3x - 1 = 0$

5 次の連立方程式を解きなさい。

(21) $\begin{cases} 5x - 3y = 11 \\ 2x + 5y = -8 \end{cases}$

(22) $\begin{cases} 0.6x + 1.2y = 0 \\ \frac{1}{4}x - \frac{3}{8}y = \frac{7}{4} \end{cases}$

6 次の問いに答えなさい。

(23) $x = -5$，$y = -3$ のとき，$2x^2 - 5y$ の値を求めなさい。

(24) 大小２個のさいころを同時に投げるとき，出る目の数の積が６の約数になる確率を求めなさい。

(25) 等式 $2a - 3(b - 1) = 5$ を b について解きなさい。

解説・解答 ▷▶ p.206 〜 p.220

(26)　y は x に比例し，$x = 4$ のとき $y = -6$ です。$y = 9$ のときの x の値を求めなさい。

(27)　y は x の 2 乗に比例し，$x = -3$ のとき $y = -18$ です。$x = 6$ のときの y の値を求めなさい。

(28)　右の図において，C は線分 BD の中点で，CE // DG のとき，x の値を求めなさい。

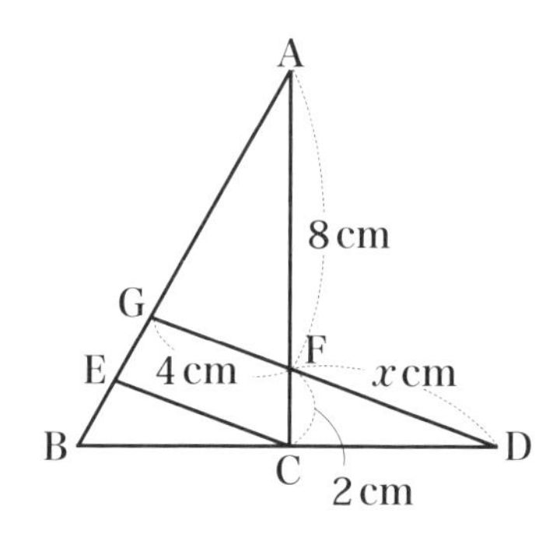

(29)　右の図で，円 O の半径は 5cm，円 O′の半径は 3cm で，2 つの円 O，O′は接しています。また，直線 ℓ は 2 つの円 O，O′に点 A，B でそれぞれ接する共通な接線です。x の値を求めなさい。

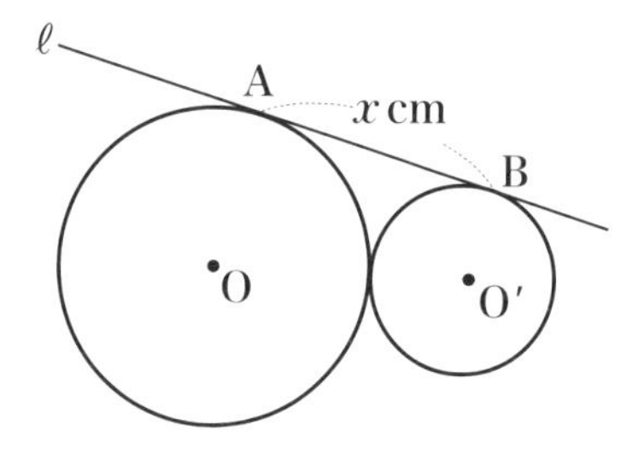

(30)　右の図のように，4 点 A，B，C，D が円周上にあります。線分 AC，BD の交点を E，直線 AD と直線 BC との交点を F とします。∠AEB ＝ 50°，∠AFB ＝ 16°のとき，∠x の大きさは何度ですか。

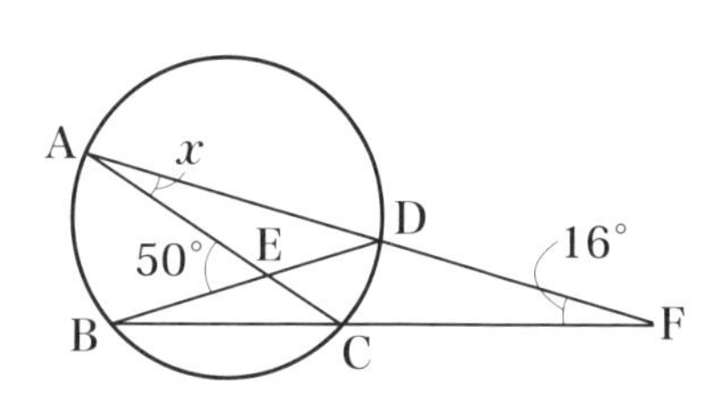

第 5 回　数学検定

3級

2 次 ＜数理技能検定＞

―― 検定上の注意 ――

1. 検定時間は 60 分です。
2. 電卓を使用することができます。
3. 解答用紙には答えだけを書いてください。答えと解き方が指示されている場合は，その指示にしたがってください。
4. 答えが分数になるとき，約分してもっとも簡単な分数にしてください。
5. 答えに根号が含まれるとき，根号の中の数はもっとも小さい整数にしてください。

※解答用紙は 255 ページ

1

a は 1 以上の整数，b は 2 以上の整数のとき，記号（$a \circ b$）は a を b でわったときの商，記号（$a \circledcirc b$）は a を b でわったときの余りを表すものとします。このとき，次の問いに答えなさい。

(1)　$(14 \circ 3) + (14 \circledcirc 3)$ を計算しなさい。

(2)　$(a \circ 2) = (a \circledcirc 2)$ となる 1 以上の整数 a を求めなさい。

(3)　$(x \circ 7) = 4 \times (x \circledcirc 7)$ を満たす 3 けたの整数 x は何個ありますか。

2

右の図は，1 辺の長さが 2cm の正三角形 ABC と，3 つの頂点 A，B，C をそれぞれ中心とする半径 2cm のおうぎ形 3 つが重なってできた図形です。このとき，次の問いに単位をつけて答えなさい。ただし，円周率は π とします。　　　　（測定技能）

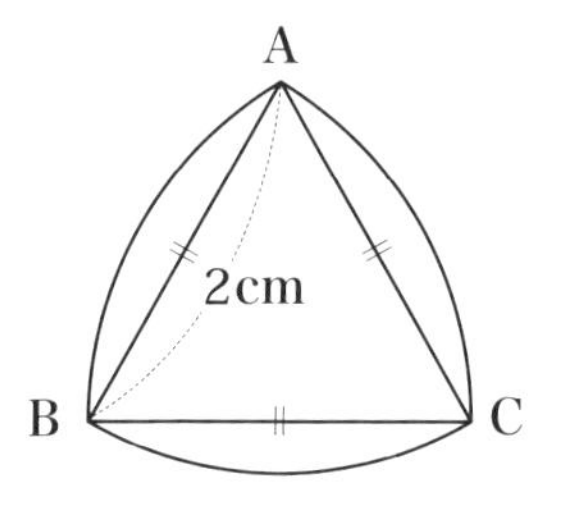

(4)　$\overset{\frown}{AB} + \overset{\frown}{BC} + \overset{\frown}{CA}$ の長さを求めなさい。

(5)　この図形の面積を求めなさい。

3

ある宝くじ売り場では，午前 10 時の開店時に 10 人の列ができていました。最初は売り場が 1 つだったため，開店 5 分後には列の人数は 15 人になりました。開店 30 分後に売り場を 2 つに増やしたため，午前 11 時 10 分に人の列はなくなりました。1 つの売り場では 1 分間に x 人の会計を行い，1 分間に y 人の客が来るとして，次の問いに答えなさい。

(6)　x，y を求めるための連立方程式をつくりなさい。　（表現技能）

(7)　売り場には 1 分間に何人の客が来ますか。単位をつけて答えなさい。

4

右の図のように，正三角形 ABC の辺 BA の延長上に点 D をとり，DC を 1 辺とする正三角形 DCE をつくります。このとき，次の問いに答えなさい。

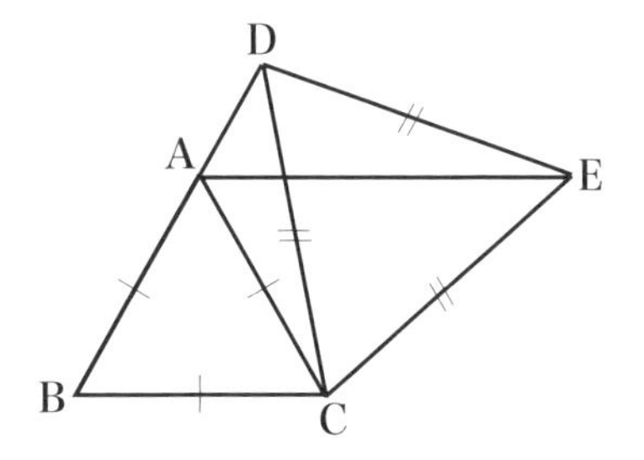

(8)　AE // BC を証明するには，どの三角形とどの三角形が合同であることを示せばよいですか。

(9)　∠ BCD ＝∠ ACE となることを証明しなさい。

(10)　上の（8）で答えた 2 つの三角形が合同であることを示すときに用いる合同条件を言葉で答えなさい。

解説・解答▷▶ p.226 ～ p.232

5　右の表は，y が x の 2 乗に比例する関係を表したものです。この関係について，次の問いに答えなさい。　（整理技能）

x	…	2	…	6	…	10	…
y	…	A	…	B	…	C	…

（11）　B の数は A の数の何倍ですか。

（12）　この関数において，x の値が 1 から 4 まで増加するとき，変化の割合が 3 となりました。C にあてはまる数を答えなさい。この問題は，計算の途中の式と答えを書きなさい。

6　右の表は，あるクラスの男子の 50m 走のタイムをまとめた度数分布表です。これについて，次の問いに答えなさい。

（統計技能）

階級（秒）	度数（人数）
6.5 以上 7.0 未満	4
7.0 ～ 7.5 未満	6
7.5 ～ 8.0 未満	2
8.0 ～ 8.5 未満	2
8.5 ～ 9.0 未満	0
9.0 ～ 9.5 未満	1
計	15

（13）　タイムの速い順に並べたとき，真ん中の生徒が入っている階級は何秒以上何秒未満か答えなさい。

（14）（13）で求めた階級に含まれる人数は，全体の何％か答えなさい。

(15)　全体の平均タイムは何秒以上何秒未満か答えなさい。

7　右の図のような底面が直角三角形の三角柱があります。

DE = EF = 6cm，AD = 8cm のとき，次の問いに答えなさい。

（測定技能）

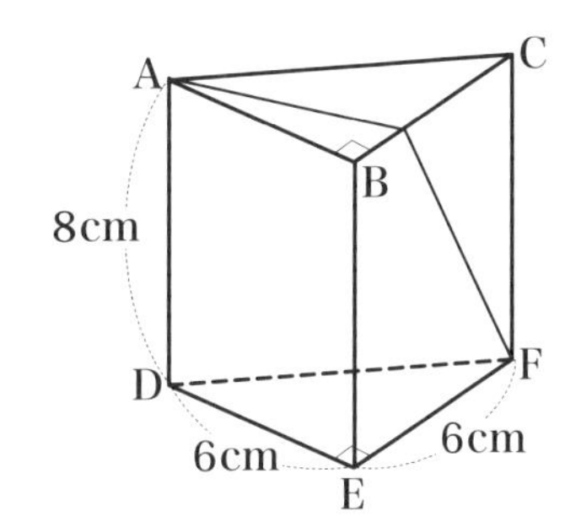

(16)　この三角柱の体積は何 cm^3 ですか。単位をつけて答えなさい。

(17)　頂点 A，C，E を通る平面でこの三角柱を切ったときの切り口の面積は何 cm^2 ですか。単位をつけて答えなさい。

(18)　上の図のように，頂点 A から辺 BC を通り，頂点 F まで糸を巻きつけたとき，もっとも短くなる糸の長さは何 cm ですか。単位をつけて答えなさい。

解説・解答▷▶ p.233 ～ p.237

8

下の図のように，△ABCの辺CA上に点Dがあります。これについて，次の問いに答えなさい。

(19)　点Dを通る直線を折り目として，点Aが辺BC上にくるように折るとき，折り目となる線分を＜注＞にしたがって作図しなさい。

（作図技能）

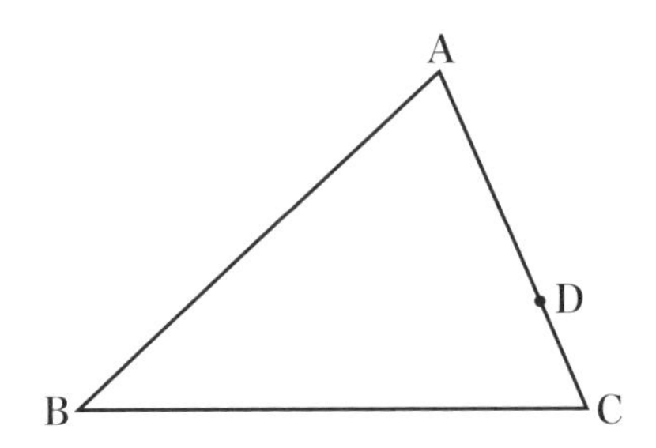

＜注＞ ⓐ　コンパスとものさしを使って作図してください。ただし，ものさしは直線をひくことだけに使ってください。

ⓑ　コンパスの線ははっきりと見えるようにかいてください。コンパスの針をさした位置に，・の印をつけてください。

ⓒ　分度器は使わないでください。

ⓓ　作図に用いた線は消さないで残しておき，線をひいた順に①，②，③，……の番号を書いてください。

9

次の問いに答えなさい。

(20)　一の位が0でない2けたの正の整数の中で，十の位の数字と一の位の数字を入れかえた整数ともとの整数との和が13の倍数となるようなものは何個ありますか。

解説・解答 ▷▶ p.238 ～ p.239

読んでおぼえよう解法のコツ

3級 解説・解答

本試験と同じ形式の問題5回分のくわしい解説と解答がまとめられています。鉛筆と計算用紙を用意して，特に，わからなかった問題やミスをした問題をじっくり検討してみましょう。そうすることにより，数学検定3級合格に十分な実力を身につけることができます。

大切なことは解答の誤りを見過ごさないで，単純ミスか，知識不足か，考え方のまちがいか，原因をつきとめ，二度と誤りをくり返さないようにすることです。そのため，「解説・解答」を次のような観点でまとめ，参考書として活用できるようにしました。

問題を解くときに必要な基礎知識や重要事項をまとめてあります。

小宮山先生からの一言アドバイス（ミスしやすいところ，計算のコツ，マル秘テクニック，試験対策のヒントなど）

問題を解くときのポイントとなるところ

参考になることがらや発展的，補足的なことがらなど

問題解法の原則や，問題を解くうえで，知っておくと役に立つことがらなど

（難易度）　●○○：易　●●○：中程度　●●●：難

第1回 1次 計算技能

1 次の計算をしなさい。

□ (1) $10+(-3)-(+4)-(-2)$

《正負の数の加法・減法》

$10+(-3)-(+4)-(-2)$ 　項を並べた式で表します。

$=10\boxed{-}3\boxed{-}4\boxed{+}2$ 　同符号どうしの数をまとめます。

$=10\boxed{+}2\boxed{-}3\boxed{-}4$

$=\boxed{12}-7=\boxed{5}$ ……答

正負の数の加法

① 同符号の2数の和……共通の符号，絶対値の和

例 $(-3)+(-5)=-8$

② 異符号の2数の和……絶対値の大きい方の符号，絶対値の大きい方から小さい方をひいた差

例 $(-6)+(+4)=-2$

正負の数の減法

ひく数の符号を変えて，加法になおしてから計算します。

例 $(-6)-(-2)=(-6)+(+2)=-4$

□ (2) $7\div 2\times(-4)+12$

《正負の数の四則計算》

$7\div 2\times(-4)+12$ 　乗法・除法を先に計算します。

$=\dfrac{7\times(\boxed{-4})}{\boxed{2}}+12$ 　項を並べた式で表します。

$=-\boxed{14}+12$

$=\boxed{-2}$ ……答

□ (3)　$-2^2\times(-2)^2+2^3$

《累乗をふくむ計算》

$$-2^2\times(-2)^2+2^3$$
$$=-4\times\boxed{4}+8$$
$$=-\boxed{16}+8$$
$$=\boxed{-8}$$ ……答

累乗を先に計算します。
乗法を先に計算します。

□ (4)　$0.5^2-1.5^2$

《小数の計算》

$$0.5^2-1.5^2$$
$$=\boxed{0.25}-2.25$$
$$=\boxed{-2}$$ ……答

累乗を先に計算します。

□ (5)　$\sqrt{8}+\sqrt{2}-\dfrac{1}{\sqrt{2}}$

《平方根の計算》

$$\sqrt{8}+\sqrt{2}-\frac{1}{\sqrt{2}}$$
$$=\sqrt{\boxed{2^2}\times2}+\sqrt{2}-\frac{1\times\sqrt{2}}{\sqrt{2}\times\sqrt{2}}$$
$$=\boxed{2\sqrt{2}}+\sqrt{2}-\frac{\sqrt{2}}{2}$$
$$=\boxed{3\sqrt{2}}-\frac{\sqrt{2}}{2}$$
$$=\boxed{\frac{5\sqrt{2}}{2}}$$ ……答

根号の中の平方数を見つけます。
分母を有理化します。

平方根の変形

$a>0$, $b>0$ のとき, $\sqrt{a^2b}=a\sqrt{b}$

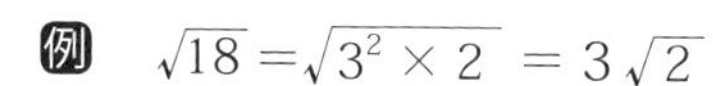
例　$\sqrt{18}=\sqrt{3^2\times2}=3\sqrt{2}$

分母の有理化

分母に根号がふくまれない形にすることを，分母を有理化するといいます。

$$\frac{b}{\sqrt{a}}=\frac{b}{\sqrt{a}}\times\frac{\sqrt{a}}{\sqrt{a}}=\frac{b\sqrt{a}}{a}$$

□ (6)　$(\sqrt{6}-\sqrt{2})(1+\sqrt{3})$

《平方根の計算》 

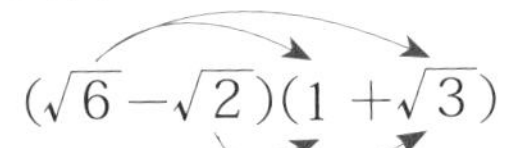

$(\sqrt{6}-\sqrt{2})(1+\sqrt{3})$

$=\sqrt{6}+\boxed{3\sqrt{2}}-\sqrt{2}-\boxed{\sqrt{6}}$　展開します。

$=\sqrt{6}-\boxed{\sqrt{6}}+\boxed{3\sqrt{2}}-\sqrt{2}$　同じ根号どうしの数をまとめます。

$=\boxed{0}+2\sqrt{2}$

$=\boxed{2\sqrt{2}}$　……答

平方根の加法・減法

$a>0$ のとき，

$$\ell\sqrt{a}+m\sqrt{a}=(\ell+m)\sqrt{a}$$

$$\ell\sqrt{a}-m\sqrt{a}=(\ell-m)\sqrt{a}$$

□ (7)　$2(x+2y)-3(x-y)$

《文字式の計算》

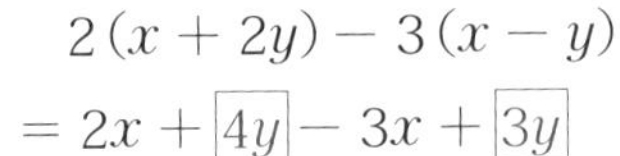

$2(x+2y)-3(x-y)$

$=2x+\boxed{4y}-3x+\boxed{3y}$　分配法則でかっこをはずします。

$=2x-3x+\boxed{4y}+\boxed{3y}$　項を並べかえます。

$=\boxed{-x+7y}$　……答　同類項をまとめます。

□ **(8)** $-(a+b)+4(2a-b)$

《文字式の計算》

$$-(a+b)+4(2a-b)$$
$$=-\boxed{a}-b+\boxed{8a}-4b$$ 分配法則でかっこをはずします。
$$=-\boxed{a}+\boxed{8a}-b-4b$$ 項を並べかえます。
$$=\boxed{7a-5b}$$ ……答 同類項をまとめます。

数と多項式の乗法，単項式と多項式の乗法

数と多項式，単項式と多項式の乗法は，分配法則を使って，次のように計算します。

例 $3(2x+3y)=3\times 2x+3\times 3y=6x+9y$

同類項をまとめる

多項式は，同類項があれば，それをまとめて簡単にすることができます。

例 $3x+4y+5x-2y=8x+2y$

□ **(9)** $\dfrac{x+3}{2}+\dfrac{-x+1}{6}$

《分数式の計算》

$$\frac{x+3}{2}+\frac{-x+1}{6}$$ 通分します。
$$=\frac{\boxed{3}(x+3)}{6}+\frac{-x+1}{6}$$
$$=\frac{\boxed{3}(x+3)+(-x+1)}{6}$$ 分配法則で分子のかっこをはずします。
$$=\frac{\boxed{3x}+\boxed{9}-x+1}{6}$$ 分子の項を並べかえます。
$$=\frac{\boxed{3x}-x+\boxed{9}+1}{6}$$

問題◀◀p.16

$$=\frac{\boxed{2x}+10}{6}$$

分子の同類項をまとめます。

$$=\frac{\boxed{2}(x+5)}{6}$$

約分します。

$$=\boxed{\frac{x+5}{3}}$$ ……答

□ (10) $\dfrac{\boldsymbol{y+2}}{\boldsymbol{4}}-\dfrac{\boldsymbol{y+3}}{\boldsymbol{6}}$

《文字式の計算》

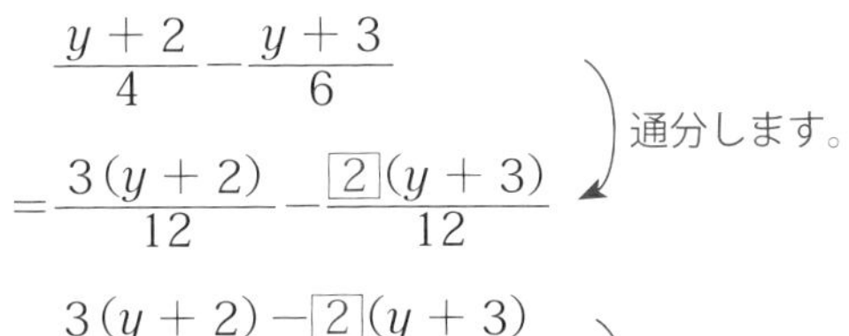

$$\frac{y+2}{4}-\frac{y+3}{6}$$

通分します。

$$=\frac{3(y+2)}{12}-\frac{\boxed{2}(y+3)}{12}$$

$$=\frac{3(y+2)-\boxed{2}(y+3)}{12}$$

分配法則で分子のかっこをはずします。

$$=\frac{3y+6-\boxed{2y}-\boxed{6}}{12}$$

分子の項を並べかえます。

$$=\frac{3y-\boxed{2y}+6-\boxed{6}}{12}$$

分子の同類項をまとめます。

$$=\boxed{\frac{y}{12}}$$ ……答

分数式の計算

次の手順で計算します。

通分する → 1つの分数にまとめる → 分子のかっこをはずす → 同類項をまとめる

□ (11) $(2x^2y^2)^2\div(-xy)^3$

解説・解答 《単項式の乗除》

$(2x^2y^2)^2 \div (-xy)^3$ 累乗を先に計算します。

$= (4x^4y^4) \div (\boxed{-x^3y^3})$ 逆数をかけるかけ算にします。

$= 4x^4y^4 \times \left(\boxed{-\frac{1}{x^3y^3}}\right)$

$= -\frac{4x^4y^4}{x^3y^3}$

$= \boxed{-4xy}$ …… 答

$-\frac{4x^4y^4}{x^3y^3} = -\frac{4xxxxyyyy}{xxxyyy} = -4xy$

単項式どうしの除法（重要）

単項式どうしの除法は，分数の形にするか，わる式の逆数をかける乗法の式になおして計算します。

例 $8x^3y^2 \div 2x^2y = \frac{8x^3y^2}{2x^2y} = 4xy$

□ (12) $-24x^5y^6 \div (2xy)^2 \div (-3xy^2)$

解説・解答 《単項式の乗除》

$-24x^5y^6 \div (2xy)^2 \div (-3xy^2)$ 累乗を先に計算します。

$= -24x^5y^6 \div (\boxed{4x^2y^2}) \div (-3xy^2)$ 逆数をかけるかけ算の式にします。

$= -24x^5y^6 \times \boxed{\frac{1}{4x^2y^2}} \times \left(-\frac{1}{3xy^2}\right)$

$= \frac{\overset{2}{24}x^{\overset{2}{5}}y^{\overset{2}{6}}}{\underset{1}{4}x^2y^2 \times \underset{1}{3}xy^2}$

$= \boxed{2x^2y^2}$ …… 答

$\frac{x^5}{x^2x} = \frac{x^5}{x^3} = x^{5-3} = x^2$

$\frac{y^6}{y^2y^2} = \frac{y^6}{y^4} = y^{6-4} = y^2$

問題◀◀ p.16

2 次の式を展開して計算しなさい。

□ (13) $(5x+2y)(5x-2y)$

《多項式の計算》

$$(5x+2y)(5x-2y)$$
$$=(\boxed{5x})^2-(\boxed{2y})^2$$
$$=\boxed{25x^2-4y^2}\ \cdots\cdots 答$$

乗法公式 $(x+a)(x-a)=x^2-a^2$ を用います。

□ (14) $(2x+1)^2-(2x+3)(2x-5)$

《多項式の計算》

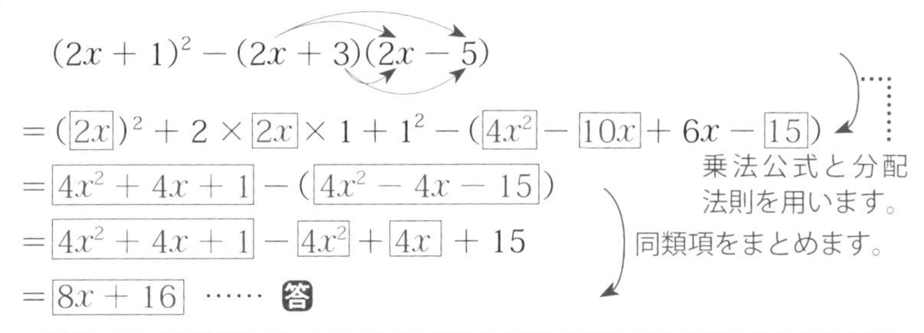

$$(2x+1)^2-(2x+3)(2x-5)$$
$$=(\boxed{2x})^2+2\times\boxed{2x}\times1+1^2-(\boxed{4x^2}-\boxed{10x}+6x-\boxed{15})$$
$$=\boxed{4x^2+4x+1}-(\boxed{4x^2-4x-15})$$
$$=\boxed{4x^2+4x+1}-\boxed{4x^2}+\boxed{4x}+15$$
$$=\boxed{8x+16}\ \cdots\cdots 答$$

乗法公式と分配法則を用います。

同類項をまとめます。

重要

多項式の乗法

単項式や多項式の積の形で表された式を計算して1つの多項式に表すことを，もとの式を展開するといいます。

$$(a+b)(c+d)=ac+ad+bc+bd$$

乗法の公式

① $(x+a)(x+b)=x^2+(a+b)x+ab$

② $(x+a)^2=x^2+2ax+a^2$

③ $(x-a)^2=x^2-2ax+a^2$

④ $(x+a)(x-a)=x^2-a^2$

3 次の式を因数分解しなさい。

□ (15) $x^2 + 9x + 18$

《因数分解》

$$x^2 \underline{+ 9}x \underline{+ 18}$$
$$= x^2 + (\boxed{3} + \boxed{6})x + \boxed{3} \times \boxed{6}$$
$$= \boxed{(x + 3)(x + 6)} \quad \cdots\cdots \text{答}$$

積が 18 になる 2 つの数の組の中から，和が 9 になる数を見つけます。

□ (16) $x^2y - 10xy + 25y$

《因数分解》

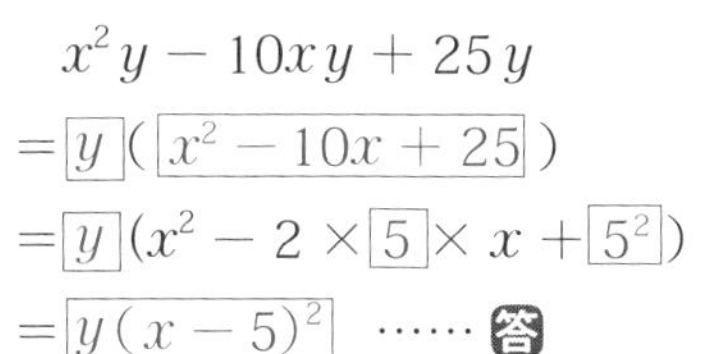

$$x^2y - 10xy + 25y$$
$$= \boxed{y}(\boxed{x^2 - 10x + 25})$$
$$= \boxed{y}(x^2 - 2 \times \boxed{5} \times x + \boxed{5^2})$$
$$= \boxed{y(x - 5)^2} \quad \cdots\cdots \text{答}$$

共通因数 y でくくります。

公式 $x^2 - 2ax + a^2 = (x - a)^2$ を用います。

共通因数があるときは，まず共通因数でくくります。

因数分解の公式

① $x^2 + (a + b)x + ab = (x + a)(x + b)$

② $x^2 + 2ax + a^2 = (x + a)^2$

③ $x^2 - 2ax + a^2 = (x - a)^2$

④ $x^2 - a^2 = (x + a)(x - a)$

4 次の方程式を解きなさい。

□ (17) $9x - 2 = 6x - 11$

問題◀◁p.16 〜 p.17

《1 次方程式》

$$9x - 2 = 6x - 11$$

$6x$, -2 を移項すると，

$$9x - \boxed{6x} = -11 + \boxed{2}$$

符号を変えて，他方の辺に移します。

$$\boxed{3x} = \boxed{-9}$$

$$x = \boxed{-3}$$

両辺を 3 でわります。

答 $x = \boxed{-3}$

□ (18) $\dfrac{3x+2}{4} - \dfrac{x+4}{6} = 1$

《1 次方程式》

両辺を $\boxed{12}$ 倍すると，

$$\boxed{3}(3x+2) - \boxed{2}(x+4) = \boxed{12}$$

x の係数を整数にします。

かっこをはずすと，

$$\boxed{9x+6} - \boxed{2x} - \boxed{8} = \boxed{12}$$

移項すると，

$$9x - \boxed{2x} = 12 - 6 + \boxed{8}$$

$$\boxed{7x} = \boxed{14}$$

両辺を 7 でわると，

$$x = \boxed{2}$$

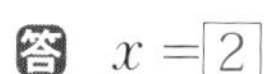

答 $x = \boxed{2}$

1 次方程式の解き方

重要

① 係数に小数や分数があるときは，両辺に適当な数をかけて，係数を整数にします。かっこがあればはずします。

② 移項して，文字がある項どうし，数の項どうしを集めます。

③ 両辺を整理して $ax = b$ の形にします。

④ 両辺を x の係数 a でわります。

□ (19) $8x^2 - 72 = 0$

《2 次方程式》

-72 を移項すると，

$$8x^2 = \boxed{72}$$

両辺を 8 でわると，　（$x^2 = a$ の形にします。）

$$x^2 = \boxed{9}$$

（$x = \pm\sqrt{a}$）

$$x = \boxed{\pm 3}$$

答　$x = \boxed{\pm 3}$

2 次方程式の解き方

2 次方程式 $ax^2 + bx + c = 0$ の解は，左辺が因数分解できるときは，次のことがらを使って解くことができます。

$$AB = 0 \quad \text{ならば} \quad A = 0 \ \text{または} B = 0$$

また，$ax^2 + c = 0$ の形の方程式は，上の解答のように，$x^2 =$○の形に変形して解くことができます。

□ (20) $x^2 - 2x - 5 = 0$

《2 次方程式》

$$x^2 - 2x - 5 = 0$$

解の公式を用いると，

$$x = \frac{-(\boxed{-2}) \pm \sqrt{(\boxed{-2})^2 - 4 \times \boxed{1} \times \boxed{(-5)}}}{2 \times 1}$$

$$x = \frac{2 \pm \boxed{\sqrt{24}}}{2}$$

$$x = \frac{2 \pm \boxed{2\sqrt{6}}}{2}$$

$$x = \boxed{1 \pm \sqrt{6}}$$

左辺が因数分解できないので，解の公式を使います。

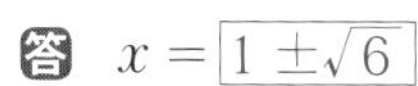
答　$x = \boxed{1 \pm \sqrt{6}}$

2次方程式の解の公式による解き方

（2次式）＝0の左辺が因数分解できないときは，$(x+m)^2=\square$の形にするか，解の公式を用いて解きます。

① 2次方程式$ax^2+bx+c=0$の解は，

$$x=\frac{-b\pm\sqrt{b^2-4ac}}{2a}$$

② 2次方程式$ax^2+2b'x+c=0$の解は，

$$x=\frac{-b'\pm\sqrt{b'^2-ac}}{a}$$

5 次の連立方程式を解きなさい。

□ (21) $\begin{cases}4x-y=6\\x+3y=-5\end{cases}$

《連立方程式》

$\begin{cases}4x-y=6 & \cdots\cdots① \\ x+3y=-5 & \cdots\cdots②\end{cases}$

$$\begin{array}{lrl} ①\times 3 & 12x-3y= & 18 \\ ② & +)\quad x+3y= & -5 \\ \hline & \boxed{13x}\quad = & \boxed{13} \\ & x\quad = & \boxed{1} \end{array}$$

加減法と代入法のどちらか解きやすい方法で解きましょう。

ポイント
加減法で，yを消去します。

$x=1$を①へ代入すると，

$4\times\boxed{1}-y=6$

$y=\boxed{4}-6=\boxed{-2}$

答 $x=\boxed{1}$，$y=\boxed{-2}$

□ (22) $\begin{cases}0.5x-0.3y=1.6\\ \dfrac{5}{6}x+\dfrac{3}{4}y=\dfrac{1}{6}\end{cases}$

解説・解答 《連立方程式》

$$\begin{cases} 0.5x - 0.3y = 1.6 & \cdots\cdots① \\ \dfrac{5}{6}x + \dfrac{3}{4}y = \dfrac{1}{6} & \cdots\cdots② \end{cases}$$

①× 10 より,

$$5x - 3y = 16 \quad \cdots\cdots③$$

②× 12 より,

$$10x + 9y = 2 \quad \cdots\cdots④$$

$$\begin{array}{lrl} ③\times 3 & & 15x - 9y = 48 \\ ④ & +) & 10x + 9y = \ \ 2 \\ \hline & & \boxed{25x} \qquad = \boxed{50} \\ & & \quad x \qquad = \boxed{2} \end{array}$$

ポイント
加減法で,y を消去します。

$x = 2$ を③に代入すると,

$$5 \times \boxed{2} - 3y = \boxed{16}$$
$$\boxed{10} - 3y = \boxed{16}$$
$$-3y = \boxed{6}$$
$$y = \boxed{-2}$$

答 $x = \boxed{2}$, $y = \boxed{-2}$

ワンポイント・アドバイス

x, y の係数が小数や分数のときは,まず方程式の両辺に適当な数をかけて,x, y の係数を整数になおします。

連立方程式の解き方　加減法

連立方程式の左辺どうし,右辺どうしを加えたりひいたりして,一方の文字を消去して解く方法。

連立方程式の解き方　代入法

一方の式を 1 つの文字について解いて他の式に代入して解く方法。

問題 p.17

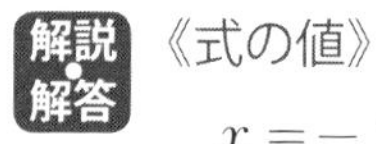

6 次の問いに答えなさい。

□ (23)　$x=-3$，$y=-2$ のとき，$2xy-x^2$ の値を求めなさい。

《式の値》

$x=-3$，$y=-2$ を $2xy-x^2$ に代入すると，

$2\times(\boxed{-3})\times(\boxed{-2})-(\boxed{-3})^2$

$=\boxed{12}-\boxed{9}$

$=\boxed{3}$ ……答

負の数は，かっこをつけて代入します。

□ (24)　大小 2 個のさいころを同時に投げるとき，出る目の数の和が 5 以上になる確率を求めなさい。

《確率》

大きいさいころの目の出方は 6 通り，小さいさいころの目の出方も 6 通りですから，すべての目の出方は，$\boxed{6}\times\boxed{6}=\boxed{36}$ で，$\boxed{36}$ 通りあります。

出る目の数の和が 5 より小さくなるのは，次の $\boxed{6}$ 通りです。

(1，1)，(1，2)，(1，3)，(2，1)，$\boxed{(2,\ 2)}$，$\boxed{(3,\ 1)}$

したがって，出る目の数の和が 5 以上になるのは，これ以外の場合で，$36-\boxed{6}=\boxed{30}$ より，$\boxed{30}$ 通りです。

よって，求める確率は，

$$\frac{\boxed{30}}{36}=\boxed{\frac{5}{6}}$$

 答 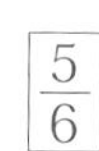 $\boxed{\frac{5}{6}}$

すべての目の出方は 36 通りです。

出る目の数の和が 5 より小さくなるのは，次の 6 通りです。

(1，1)，(1，2)，(1，3)，(2，1)，$\boxed{(2,\ 2)}$，$\boxed{(3,\ 1)}$

したがって，出る目の数の和が 5 より小さくなる確率は，$\frac{6}{36}$ $=\boxed{\frac{1}{6}}$ です。よって，求める確率は，

$$1-\boxed{\frac{1}{6}}=\boxed{\frac{5}{6}}$$

 答 $\boxed{\frac{5}{6}}$

確率の求め方

起こりうるすべての場合が n 通りあり，そのどれが起こることも同様に確からしいとします。このとき，あることがら A が起こる場合が a 通りあるとすると，

A が起こる確率 p は，$p=\dfrac{a}{n}$

ことがら A が起こらない確率

（A が起こらない確率）＝1－（A が起こる確率）

□ (25) $\dfrac{\sqrt{3}}{2}$，$\dfrac{\sqrt{6}}{3}$，$\dfrac{2}{\sqrt{5}}$のうちもっとも大きい数を答えなさい。

《平方根の大小》

平方根の大小は，2乗して根号のない式になおして比べることができます。

$$\left(\frac{\sqrt{3}}{2}\right)^2=\boxed{\frac{3}{4}},\ \left(\frac{\sqrt{6}}{3}\right)^2=\frac{6}{9}=\boxed{\frac{2}{3}},\ \left(\frac{2}{\sqrt{5}}\right)^2=\boxed{\frac{4}{5}}$$

ここで，$\dfrac{3}{4}=\dfrac{45}{60}$，$\dfrac{2}{3}=\dfrac{40}{60}$，$\dfrac{4}{5}=\dfrac{48}{60}$ ですから，

$$\frac{2}{3}<\boxed{\frac{3}{4}}<\boxed{\frac{4}{5}}$$

したがって，$\left(\boxed{\dfrac{\sqrt{6}}{3}}\right)^2<\left(\boxed{\dfrac{\sqrt{3}}{2}}\right)^2<\left(\boxed{\dfrac{2}{\sqrt{5}}}\right)^2$

よって，$\boxed{\dfrac{\sqrt{6}}{3}}<\boxed{\dfrac{\sqrt{3}}{2}}<\boxed{\dfrac{2}{\sqrt{5}}}$

 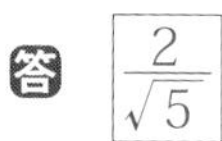

平方根の大小

$a>0$，$b>0$ のとき，

$\boldsymbol{a<b}$ ならば，$\boldsymbol{\sqrt{a}<\sqrt{b}}$

問題◀◁p.17～p.18

□ (26) **y は x に反比例し，$x=-2$ のとき $y=4$ です。$x=4$ のときの y の値を求めなさい。**

《比例・反比例》

y が x に反比例するとき，$y=\dfrac{a}{x}$（a は比例定数）と表すことができます。

$x=-2$ のとき $y=4$ ですから，

$$\boxed{4}=\frac{a}{\boxed{-2}}$$

したがって，　$a=\boxed{4}\times\boxed{(-2)}=\boxed{-8}$

反比例の式は，　$y=\boxed{-\dfrac{8}{x}}$

この式に，$x=4$ を代入すると，

$$y=-\frac{8}{\boxed{4}}=\boxed{-2}$$

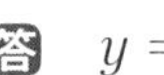
答　$y=\boxed{-2}$

ワンポイント・アドバイス

反比例の式を求めるときは，まず，求める式を $y=\dfrac{a}{x}$ とおいて，与えられた条件から a の値を求めます。

□ (27) **y は x の 2 乗に比例し，$x=-3$ のとき $y=-36$ です。$y=-8$ のときの x の値を求めなさい。**

《比例・反比例》

y が x の 2 乗に比例するとき，$y=ax^2$（a は比例定数）と表すことができます。

$x=-3$ のとき $y=-36$ ですから，

$$-36=a\times\boxed{(-3)^2}$$

$$-36=\boxed{9a}$$

したがって，　$a=\boxed{-4}$ ←比例定数 a を求めます。

式は，　$y=\boxed{-4x^2}$

この式に，$y=-8$ を代入すると，

$$\boxed{-8}=-4x^2$$
$$x^2=\boxed{2}$$
$$x=\boxed{\pm\sqrt{2}}$$

答 $x=\boxed{\pm\sqrt{2}}$

平方根を求めるとき，±を忘れないようにしましょう。

関数 $y=ax^2$ の式の求め方

求める式を $y=ax^2$ とおいて，1組の x，y の値を代入して a の値を求めます。

□（28） 七角形の内角の和を求めなさい。

《平面図形》

右の図のように，七角形は $\boxed{5}$ つの三角形に分けることができます。

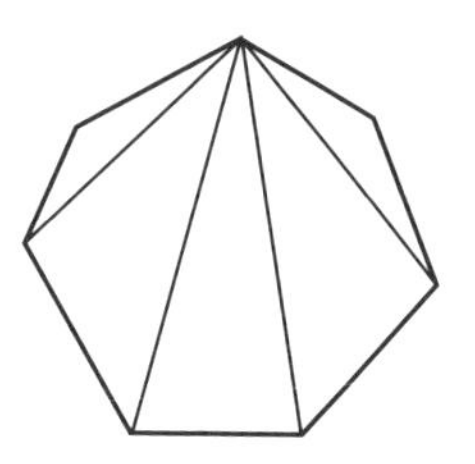

1つの三角形の内角の和は $\boxed{180^\circ}$ ですから，求める内角の和は，

$$\boxed{180^\circ}\times\boxed{5}=\boxed{900^\circ}$$

答 $\boxed{900}$ 度

n角形は，（n−2）個の三角形に分けることができます。

多角形の内角の和

n 角形の内角の和は，$180^\circ\times(n-2)$

□ (29) 右の図において，xの値を求めなさい。

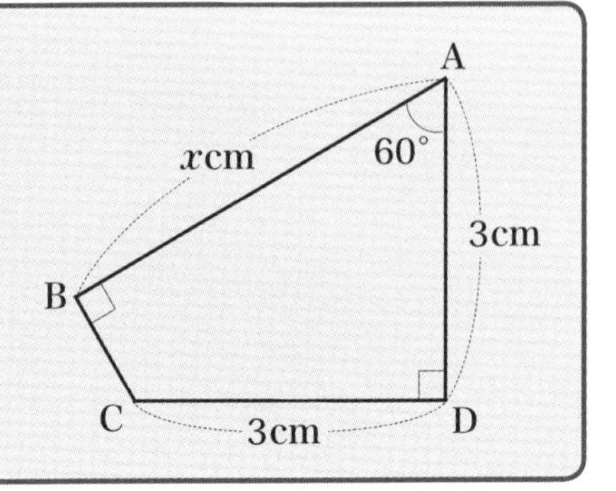

《平面図形》

次の図のように，辺 AB，辺 CD を延長したときの交点を E とします。

△ AED は 60°の角をもつ直角三角形ですから，

$AD : DE = 1 : \sqrt{3}$

$AD : AE = 1 : 2$

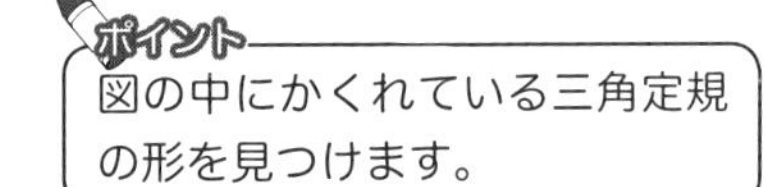

ポイント
図の中にかくれている三角定規の形を見つけます。

AD = 3cm ですから，

$DE = 3 \times \sqrt{3}$

$= \boxed{3\sqrt{3}}$ (cm)

$AE = 3 \times 2$

$= \boxed{6}$ (cm) ……①

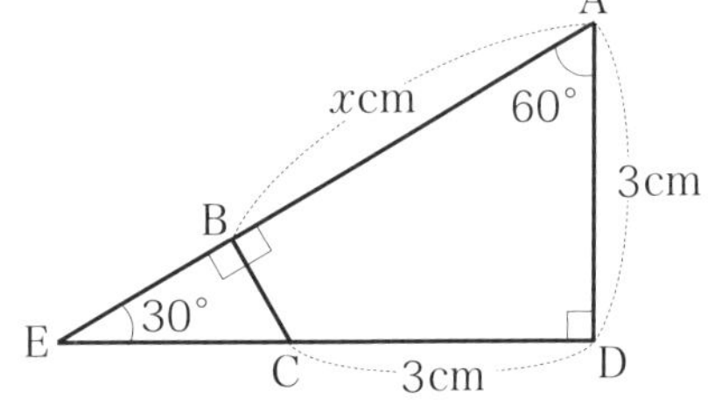

したがって，

$CE = DE - DC = \boxed{3\sqrt{3} - 3}$ (cm)

ここで，△ CEB は 30°の角をもつ直角三角形ですから，

$CE : BE = 2 : \sqrt{3}$

よって，

$\sqrt{3}\,CE = 2BE$

$BE = CE \times \frac{\sqrt{3}}{2} = (\boxed{3\sqrt{3} - 3}) \times \boxed{\frac{\sqrt{3}}{2}}$

$= \boxed{\frac{9}{2} - \frac{3\sqrt{3}}{2}}$ (cm) ……②

①，②から，

$$x = \mathrm{AE} - \mathrm{BE}$$
$$= 6 - \left(\frac{9}{2} - \frac{3\sqrt{3}}{2}\right)$$
$$= \boxed{\frac{3}{2} + \frac{3\sqrt{3}}{2}}$$
$$= \boxed{\frac{3}{2}(1 + \sqrt{3})}$$

角度に着目して三角定規の形を見つけます。

答　$x = \boxed{\frac{3}{2}(1 + \sqrt{3})}$

特別な直角三角形の辺の比

直角二等辺三角形と，60°の角をもつ直角三角形の辺の比はそれぞれ，

$1 : 1 : \sqrt{2}$

$1 : 2 : \sqrt{3}$

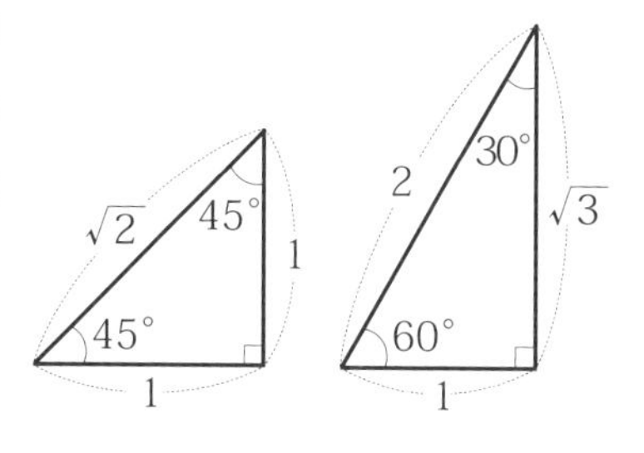

□ (30)　右の図において，x の値を求めなさい。

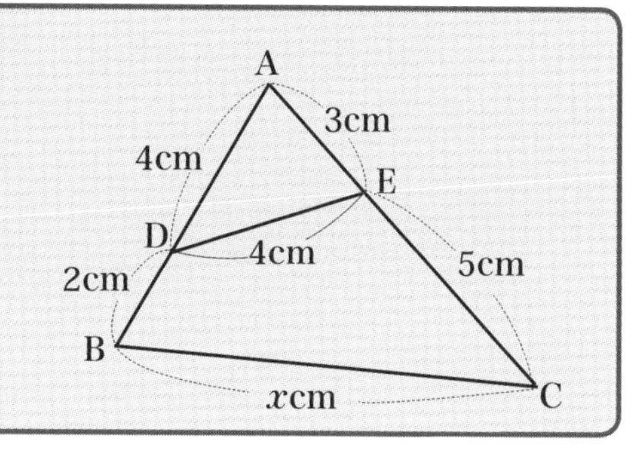

《平面図形》

△ADE と△ACB において，

$\mathrm{AD} : \boxed{\mathrm{AC}} = 4 : (3 + 5) = 1 : 2$　……①

$\mathrm{AE} : \boxed{\mathrm{AB}} = 3 : (4 + 2) = 1 : 2$　……②

$\angle\boxed{\mathrm{A}}$ は 共通　……③

①，②，③より，２組の辺の比とその間の角が等しいから，

$$\triangle \mathrm{ADE} \backsim \triangle \mathrm{ACB}$$

相似な図形の対応する辺の比は等しいから，

$$\mathrm{DE} : \mathrm{CB} = 1 : \boxed{2}$$

したがって，

$$\boxed{4} : x = 1 : \boxed{2}$$

$$x = \boxed{8}$$

> 比例式
> $a : b = c : d$ のとき，
> $ad = bc$

答　$x = \boxed{8}$

三角形の相似条件

２つの三角形は，次のいずれかが成り立つとき相似であるといいます。

① ３組の辺の比がすべて等しい。

$\boldsymbol{a : a' = b : b' = c : c'}$

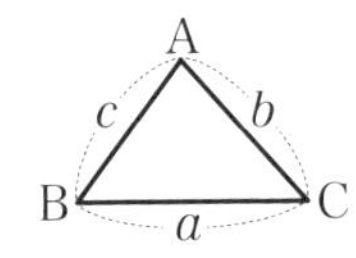

② ２組の辺の比が等しく，その間の角が等しい。

$\boldsymbol{a : a' = b : b'}$　$\angle \mathrm{C} = \angle \mathrm{C'}$

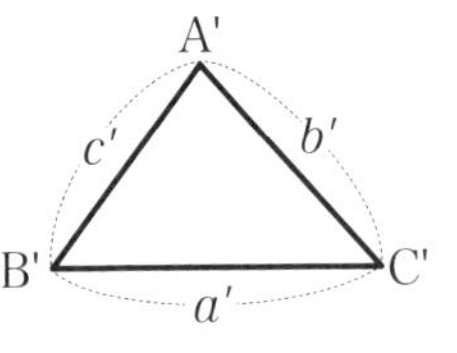

③ ２組の角がそれぞれ等しい。

$\angle \mathrm{B} = \angle \mathrm{B'}$，$\angle \mathrm{C} = \angle \mathrm{C'}$

第1回 2次 数理技能

1 下の表は，生徒A，B，C，D，Eの数学のテストの得点をEの得点を基準として表したものです。A，B，Cの3人の得点の平均点が56点だったとき，次の問いに答えなさい。

生徒	A	B	C	D	E
Eとの違い	＋13	－13	－6	＋26	0

□ (1) Aの得点はCより何点高いですか。

《資料の整理》 

$(+13)-(-6)=19$

答 19 点

Eの得点をx点とすると，

Aの得点は$(x+13)$点，Cの得点は$(x-6)$点

したがって，

$(x+13)-(x-6)=19$

答 19 点

□ (2) Eの得点は何点ですか。

《平均》 

A，B，Cの3人のEとの違いの平均を計算すると，

$\{(+13)+(-13)+(-6)\}\div 3=-2$

したがって，3人の平均点はEの得点より 2 点低いことがわかります。

つまり，Eの得点は，3人の平均点より2点高い。

よって，Eの得点は，

$56+2=58$

答 58 点

Eの得点を x 点とすると，

　　Aは $(x+13)$ 点，Bは $(x-13)$ 点，Cは $(x-6)$ 点

3人の得点の平均は56点ですから，

$$\{(\boxed{x+13})+(\boxed{x-13})+(\boxed{x-6})\}\div 3=56$$

$$(\boxed{3x-6})\div 3=\boxed{56}$$

$$\boxed{x-2}=56$$

$$x=\boxed{58}$$

答　$\boxed{58}$ 点

□ **(3)　A，B，C，D，Eの5人の平均点を求めなさい。**

《平均》

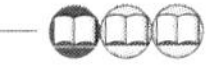

5人のEとの違いの平均を計算します。

$$\{(+13)+(-13)+(\boxed{-6})+(\boxed{+26})+0\}\div 5$$

$$=\boxed{20}\div 5$$

$$=\boxed{4}$$

(2) より，Eの得点は58点ですから，平均点は，

$$58+\boxed{4}=\boxed{62}$$

答　$\boxed{62}$ 点

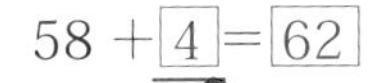

ポイント

平均点は基準にしたEの得点より4点高い。

基準となる得点がわかっているときは，その違いの平均を計算すると，本当の平均が求められます。

(2) より，5人の得点は次のようになります。

A……$58+13=71$（点），B……$58-13=45$（点）

C……$58-\boxed{6}=\boxed{52}$（点），D……$58+\boxed{26}=\boxed{84}$（点）

E……58（点）

したがって，平均点は，

$$(71+45+52+84+58)\div 5=\boxed{310}\div 5$$

$$=\boxed{62}$$

答　$\boxed{62}$ 点

2 1辺の長さが 10 cm の正方形ABCD のまわりに糸がまかれています。いま，点Dから糸を張った状態でほどいていくと，糸の端は，右の図のような曲線 DE を描(えが)きました。このとき，次の問いに単位をつけて答えなさい。ただし，円周率はπとします。 （測定技能）

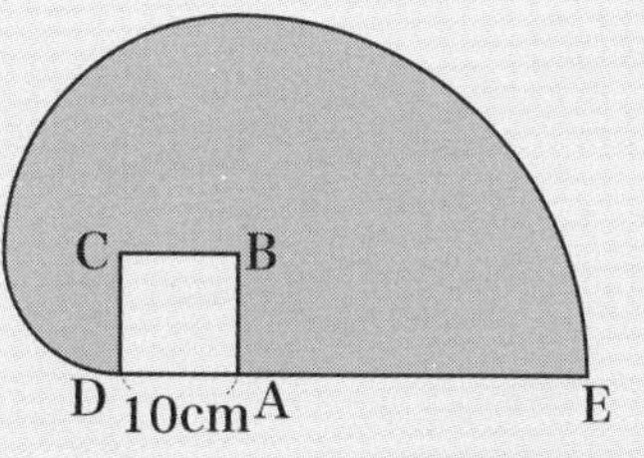

□（4） 曲線 DE の長さは何 cm ですか。

《平面図形》

右の図のように，曲線 DE を3つの弧 $\overset{\frown}{DP}$，$\overset{\frown}{PQ}$，$\overset{\frown}{QE}$ に分けて考えます。

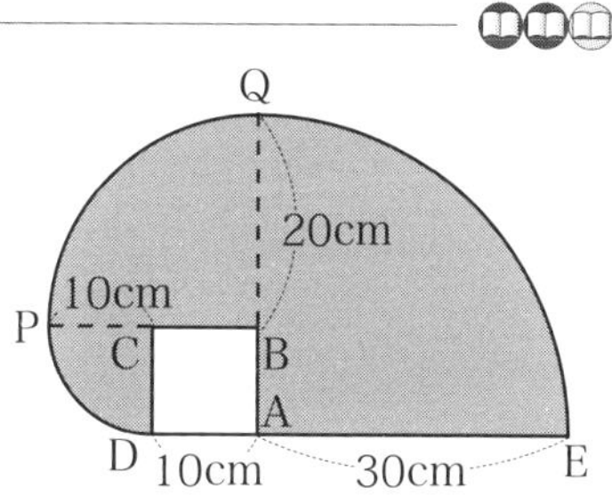

$$\overset{\frown}{DP} = 2\pi \times 10 \times \frac{90}{360} = 5\pi\,(\text{cm})$$

$$\overset{\frown}{PQ} = 2\pi \times \boxed{20} \times \frac{90}{360} = \boxed{10\pi}\,(\text{cm})$$

$$\overset{\frown}{QE} = 2\pi \times \boxed{30} \times \frac{90}{360} = \boxed{15\pi}\,(\text{cm})$$

したがって，

$$\text{曲線 DE} = \overset{\frown}{DP} + \overset{\frown}{PQ} + \overset{\frown}{QE}$$
$$= 5\pi + \boxed{10\pi} + \boxed{15\pi}$$
$$= \boxed{30\pi}\,(\text{cm})$$

答 $\boxed{30\pi\text{cm}}$

曲線 DE は，半径が異なる3つの円弧でできています。

□（5） 図の色がついた部分の面積は何 cm^2 ですか。

《平面図形》 

（4）より，色の部分は，3つのおうぎ形 CPD，BQP，AEQ を合わせた図形であることがわかります。

したがって，色の部分の面積は，

$$\pi \times 10^2 \times \frac{90}{360} + \pi \times \boxed{20^2} \times \frac{90}{360} + \pi \times \boxed{30^2} \times \frac{90}{360}$$

$$= 25\pi + \boxed{100\pi} + \boxed{225\pi}$$

$$= \boxed{350\pi}\ (\mathrm{cm}^2)$$

答 $\boxed{350\pi\ \mathrm{cm}^2}$

おうぎ形の弧の長さ

おうぎ形の弧の長さを ℓ，半径を r，中心角を a 度とすると，　$\ell = 2\pi r \times \frac{a}{360}$

おうぎ形の面積

おうぎ形の面積を S，半径を r，中心角を a 度とすると，　$S = \pi r^2 \times \frac{a}{360}$

3　**A 地区と B 地区を結ぶ道は山道で，常に登り坂か下り坂です。S さんは，登り坂では時速 3km，下り坂では時速 6km のペースでいつも歩きます。ある日，S さんが用事で A 地区から B 地区に行って帰ってくるとき，行きは 4 時間，帰りは 5 時間かかりました。このとき，次の問いに答えなさい。**

□ **（6）　A 地区を出発して B 地区に行くときの登り坂を $x$km，下り坂を $y$km として，x，y を求めるための連立方程式をつくりなさい。**
（表現技能）

《連立方程式》

A 地区から B 地区へ行くとき，時速 3km で x km 歩くと $x \div 3 = \boxed{\dfrac{x}{3}}$ 時間，時速 6km で $y$km 歩くと $y \div 6 = \dfrac{y}{6}$ 時間かかります。行きは 4 時間かかったので，

$$\boxed{\frac{x}{3}} + \frac{y}{6} = 4 \cdots\cdots ①$$

B 地区から A 地区に帰るときは，登り坂と下り坂が逆になるので，時速 6km で $x$km 歩くと $x \div 6 = \boxed{\dfrac{x}{6}}$ 時間，時速 3km で $y$km 歩くと $y \div 3 = \dfrac{y}{3}$ 時間かかります。帰りは 5 時間かかったので，

$$\boxed{\frac{x}{6}} + \frac{y}{3} = 5 \cdots\cdots ②$$

よって，求める連立方程式は，

$$\begin{cases} \boxed{\dfrac{x}{3}} + \dfrac{y}{6} = 4 \\ \boxed{\dfrac{x}{6}} + \dfrac{y}{3} = 5 \end{cases}$$

答 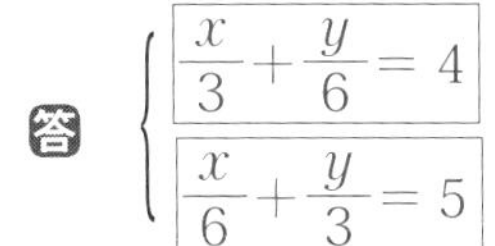

$$\begin{cases} \dfrac{x}{3} + \dfrac{y}{6} = 4 \\ \dfrac{x}{6} + \dfrac{y}{3} = 5 \end{cases}$$

整理して，次のように表しても正解です。

$$\begin{cases} 2x + y = 24 \\ x + 2y = 30 \end{cases}$$

□ (7)　A 地区と B 地区を結ぶ山道の道のりを，単位をつけて答えなさい。

解説・解答 《連立方程式》 

(6) の連立方程式を解きます。

$$\begin{cases} \dfrac{x}{3}+\dfrac{y}{6}=4 & \cdots\cdots ① \\ \dfrac{x}{6}+\dfrac{y}{3}=5 & \cdots\cdots ② \end{cases}$$

①の両辺に 6 をかけて,

$2x+y=\boxed{24}\cdots\cdots$③

②の両辺に 6 をかけて,

$x+2y=\boxed{30}\cdots\cdots$④

③× 2 －④より,

$$\begin{array}{rrl} & 4x+2y= & \boxed{48} \\ -) & x+2y= & \boxed{30} \\ \hline & 3x\quad\ = & \boxed{18} \\ & x\quad\ = & \boxed{\ 6} \end{array}$$

③に $x=\boxed{6}$ を代入して,

$2\times\boxed{6}+y=24$

$y=\boxed{12}$

よって，求める山道の道のりは,

$x+y=\boxed{6}+\boxed{12}=\boxed{18}$ (km)

 18 km

連立方程式の応用

次の手順で解くことができます。

① どの数量を文字で表すかを決めます。

② 等しい関係にある数量を見つけて連立方程式をつくります。

③ 連立方程式を解きます。

④ 連立方程式の解が問題に適しているかどうか確かめます。

4 右の図のように，正方形ABCDと正方形CEFGが辺CGを共有して接しています。直線DEと直線BGの交点をHとします。このとき，次の問いに答えなさい。

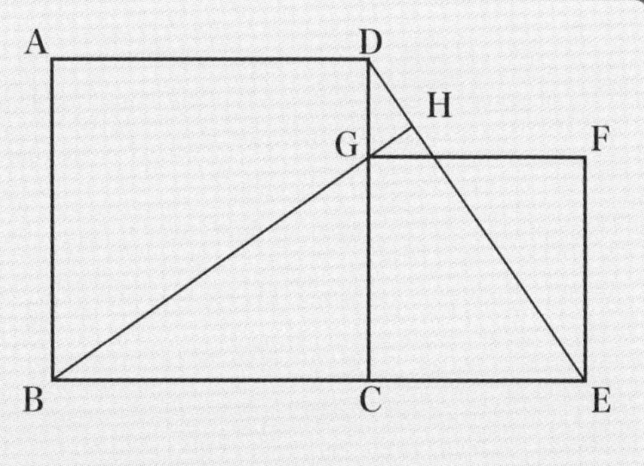

□（8） ∠CBG＝∠HDGを証明するには，どの三角形とどの三角形が合同であることを示せばよいですか。

《図形の合同》 

∠CBG＝∠HDGを証明するには，∠HDGと∠CDEは同じ角であることから，∠CBGと∠CDEを含む△CBGと△CDEが合同であることを示します。

∴△CBGと△CDE

 △CBGと△CDE

□（9） 上の（8）で答えた2つの三角形が合同であることを示すときに用いる合同条件を言葉で答えなさい。

《図形の合同》 

四角形ABCDと四角形CEFGはどちらも正方形であることから，△CBGと△CDEにおいて，

∠BCG＝∠DCE＝90°

CB＝CD

CG＝CE

2組の辺とその間の角がそれぞれ等しいので，

△CBG≡△CDE

∴2組の辺とその間の角がそれぞれ等しい

答 2組の辺とその間の角がそれぞれ等しい

三角形の合同条件

2つの三角形は，次のどれかが成り立つとき合同であるといいます。

① 3組の辺がそれぞれ等しい。

② 2組の辺とその間の角がそれぞれ等しい。

③ 1組の辺とその両端の角がそれぞれ等しい。

□（10） BH ⊥ DE となることを証明しなさい。

《図形の相似》 

△CBGと△HDGにおいて，

（9）から ∠CBG＝∠HDG

対頂角は等しいので，

∠BGC＝∠DGH

2組の角がそれぞれ等しいので，

△CBG∽△HDG

すると，対応する角は等しいので，

∠BCG＝∠DHG

90°＝∠DHG

よって，GH ⊥ DH より BH ⊥ DE

5

1辺の長さが x cmの立方体があります。この立方体の1辺の長さをそれぞれ2cmずつ長くしたところ，表面積が120cm² 増加しました。このとき，次の問いに答えなさい。

□（11） x についての方程式をつくりなさい。 （表現技能）

《方程式》 

1辺の長さが x cmの立方体の表面積は，

$$x^2 \times 6 = 6x^2 \text{(cm}^2\text{)}$$

この立方体の1辺の長さを2cmずつ長くした立方体の表面積は，

$$(x+2)^2 \times 6 = \boxed{6(x+2)^2}\ (\mathrm{cm}^2)$$

したがって，求める方程式は，

$$\boxed{6(x+2)^2 - 6x^2 = 120}$$

答 $\boxed{6(x+2)^2 - 6x^2 = 120}$

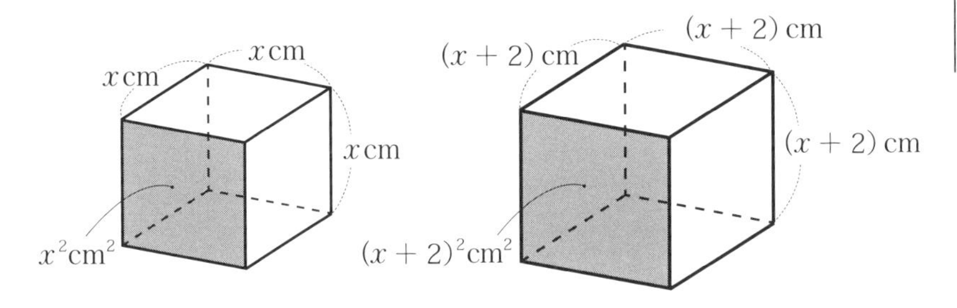

□ (12)　もとの立方体の表面積は何 cm^2 ですか。単位をつけて答えなさい。この問題は計算の途中の式と答えを書きなさい。

《方程式》

（11）の方程式を解きます。

$$6(x+2)^2 - 6x^2 = 120$$

$$6(\boxed{x^2 + 4x + 4}) - 6x^2 = 120$$

$$\boxed{6x^2 + 24x + 24} - 6x^2 = 120$$

$$24x = \boxed{96}$$

$$x = \boxed{4}$$

したがって，この立方体の表面積は，

$$4^2 \times 6 = \boxed{96}\ (\mathrm{cm}^2)$$

答 $\boxed{96\ \mathrm{cm}^2}$

立方体の面は6つあるから，1辺が $x$cmの立方体の表面積は $6x^2\mathrm{cm}^2$ になります。

6 右の表は，ある年の都道府県別に幼稚園数と園児数をまとめたものの一部です。これについて，次の問いに答えなさい。

（統計技能）

	都道府県	幼稚園数	園児数（人）
1	東京都	1,042	173,642
2	大阪府	780	120,743
3	神奈川県	728	143,312
4	兵庫県	708	71,557
5	埼玉県	627	115,352
6	千葉県	572	95,757
7	北海道	558	65,725
8	愛知県	522	98,891
9	静岡県	511	62,201
10	福岡県	490	67,329
	全国	13,170	1,604,225

□（13） この表にある都道府県の中で，園児数のいちばん多いところといちばん少ないところとの差は何人ですか。

《統計技能》

いちばん多いところは東京都で 173642 人，いちばん少ないところは静岡県で 62201 人ですから，

173642 − 62201 ＝ 111441

答 111441 人

□（14） 全国の幼稚園数をもとにしたとき，大阪府の幼稚園数の割合は何％ですか。答えは小数第２位を四捨五入して小数第１位まで求めなさい。

《統計技能》

幼稚園数は，大阪府が 780，全国が 13170 ですから，

780 ÷ 13170 ＝ 0.0592 ……

ポイント 割合＝比べられる量÷もとにする量

百分率で表すと，

5.92 ……

ポイント 百分率で表された数の小数第２位を四捨五入します。

答 5.9 ％

□ (15) 東京都における1園あたりの園児数は何人ですか。答えは小数第1位を四捨五入して整数で求めなさい。

《統計技能》

東京都の園児数は173642人，幼稚園数は1042ですから，

$$173642 \div 1042 = 166.6 \cdots\cdots$$

7

割合＝比べられる量÷もとにする量

答 167人

割合

割合＝比べられる量÷もとにする量

百分率

百分率＝比べられる量÷もとにする量× 100

割合，もとにする量，比べられる量の関係を使う問題は，よく出題されるので，しっかりおぼえておきましょう。

7 右の図のように，1辺8cmの立方体ABCD-EFGHがあります。点P, Qは辺CD, DAの中点とし，4点P，Q，E，Gを通る平面でこの立方体を切るとき，次の問いに単位をつけて答えなさい。

（測定技能）

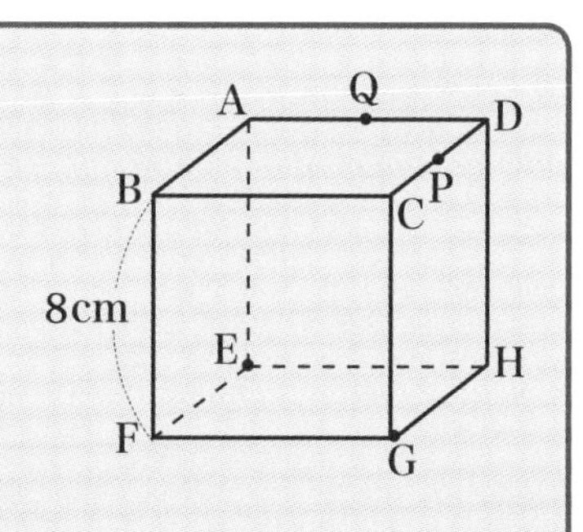

□ (16) 線分PGの長さは何cmですか。

《空間図形》

△PCGにおいて三平方の定理を用いると，

$$PG^2 = 8^2 + \boxed{4^2} = \boxed{80}$$

$PG > 0$ ですから

$$PG = \boxed{\sqrt{80}}\ \text{cm} = \boxed{4\sqrt{5}}\ \text{cm}$$

答 $\boxed{4\sqrt{5}\ \text{cm}}$

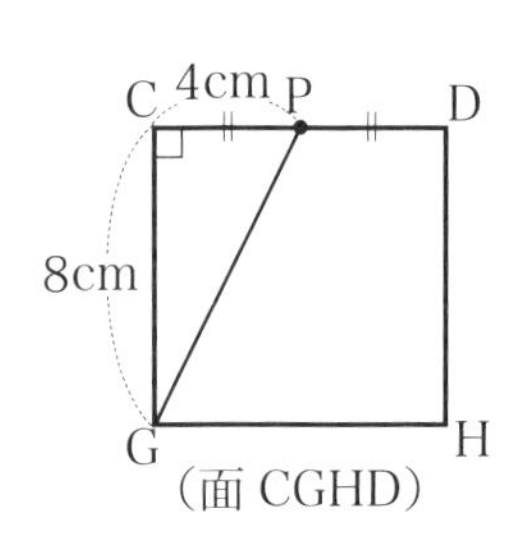

三平方の定理

直角三角形の直角をはさむ2辺の長さを a, b とし，斜辺の長さを c とすると，次の関係が成り立ちます。

$$a^2 + b^2 = c^2$$

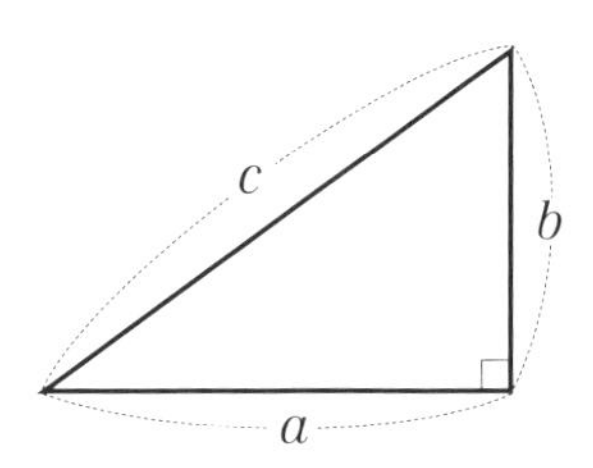

□ **(17) 切り口の面積は何 cm^2 ですか。**

《空間図形》

DP = DQ = 4cm, ∠PDQ = 90°ですから,

$$PQ = \boxed{4\sqrt{2}}\ \text{cm} \quad \cdots\cdots①$$

↖上底

(16) より,

$$PG = QE = \boxed{4\sqrt{5}}\ \text{cm} \quad \cdots\cdots②$$

HG = HE = 8cm, ∠GHE = 90°ですから,

$$GE = \boxed{8\sqrt{2}}\ \text{cm} \quad \cdots\cdots③$$

←下底

①, ②, ③より，切り口は次の図のような台形になります。

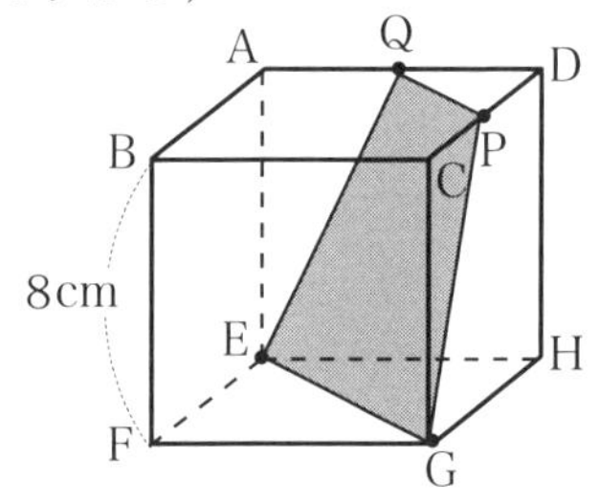

△PIGにおいて，三平方の定理を用いると,

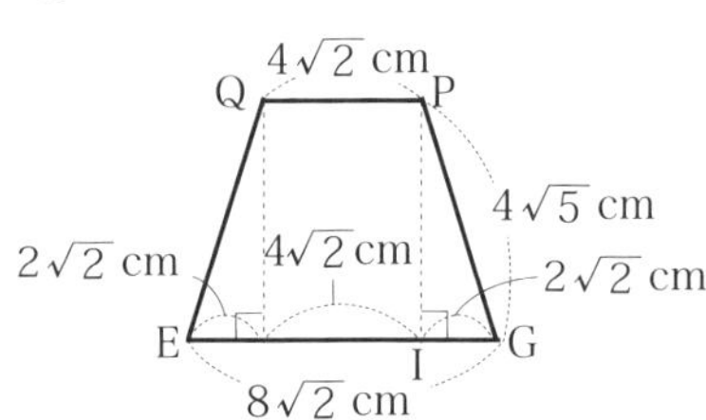

$PI^2 + (\boxed{2\sqrt{2}})^2 = (\boxed{4\sqrt{5}})^2$

$PI^2 = \boxed{80} - \boxed{8} = \boxed{72}$

$PI = \sqrt{\boxed{72}}$ cm $= \boxed{6\sqrt{2}}$ cm ←高さ

したがって，求める面積は，

$(\boxed{4\sqrt{2}} + \boxed{8\sqrt{2}}) \times \boxed{6\sqrt{2}} \div 2 = \boxed{72}$ (cm²)

（上底＋下底）×高さ÷２

 $\boxed{72\ \text{cm}^2}$

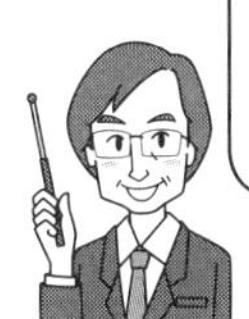

切り口が台形になることに着目し，上底，下底，高さをそれぞれ求め，台形の面積の公式を使って面積を求めます。

参考

直角二等辺三角形の辺の比は，$1:1:\sqrt{2}$ですから，

$PQ = \sqrt{2}\ DP = \sqrt{2}\ DQ$
$= 4\sqrt{2}$ cm

□ **(18)　立方体を切ってできる２つの立体のうち，頂点Dをふくむ立体の体積は何cm³ですか。**

解説・解答 《空間図形》

右の図のように，線分QE，PG，DHの延長が交わる点をRとします。

このとき，△RPD∽△RGHで，PD：GH＝1：2より，相似比が1：2であることから，RD＝8cmとなることがわかります。

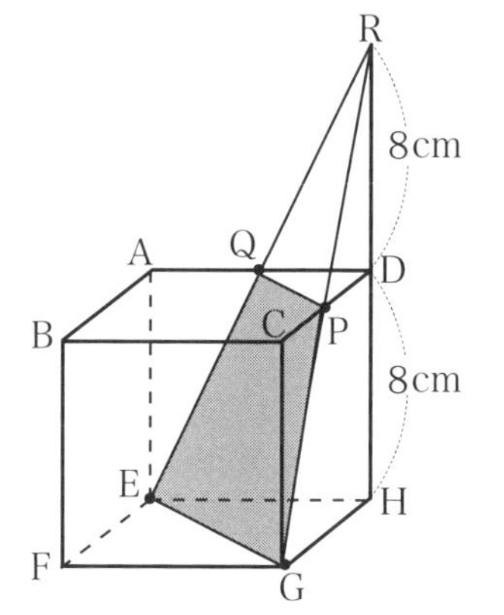

求める立体の体積は，

(三角錐R-GHE)－(三角錐R-PDQ)ですから，

$\frac{1}{3} \times \underbrace{\frac{1}{2} \times 8 \times 8}_{底面積} \times \underbrace{\boxed{16}}_{高さ} - \frac{1}{3} \times \underbrace{\frac{1}{2} \times 4 \times 4}_{底面積} \times \underbrace{\boxed{8}}_{高さ}$

$= \frac{\boxed{512}}{3} - \frac{\boxed{64}}{3} = \boxed{\frac{448}{3}}$ (cm³)

 $\boxed{\frac{448}{3}\ \text{cm}^3}$

ワンポイント・アドバイス

△RPD∽△RGH で，RD：RH＝1：2 ですから，RD＝$x$cm とすると，x：RH＝x：$(x+8)$＝1：2 より，

$$2x = x + 8$$
$$x = 8 \text{ (cm)}$$

したがって，RD＝8cm

角錐・円錐の体積

$$\text{角錐の体積} = \frac{1}{3} \times \text{底面積} \times \text{高さ}$$

$$\text{円錐の体積} = \frac{1}{3} \times \text{底面積} \times \text{高さ}$$

いろいろな場面で，基本事項をしっかり使いこなせるようにしておこう。

8 右の図のように，線分 AB と 2 点 C，D があります。このとき，次の問いに答えなさい。

□（19） 線分 AB 上に，∠APC＝∠BPD となる点 P を，<注>にしたがって作図しなさい。（作図技能）

（＊<注>は省略）

《作図技能》

線分 AB について，点 C と対称な点 G をとり，直線 CG と線分 AB との交点を H とし，点 D，G を通る直線と線分 AB との交点を P とします。

このとき，△HPC≡△HPG となるから，

∠APC＝∠APG

また，対頂角が等しいから，

$$\angle \boxed{APG} = \angle BPD$$

したがって，　　$\angle APC = \angle BPD$

次の手順で作図します。

① 点Cを中心とする円弧をかき，線分ABとの交点をE，Fとします。

② 点E，Fをそれぞれ中心として，点Cを通る円弧をかき，その一方の交点をGとします。

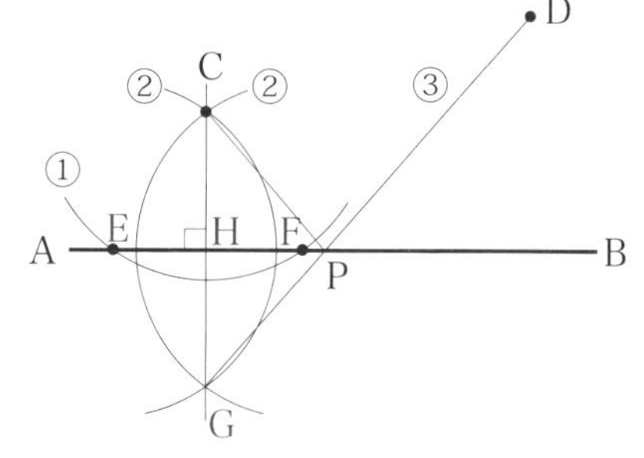

③ 2点D, Gを通る直線をひき, 線分ABとの交点をPとします。

ワンポイント・アドバイス

線分ABについて点Cと対称な点Gをとって，∠APCと等しい角である∠APGとその対頂角である∠BPDをつくります。

作図に用いた線は消さないで残しておきます。

9 生徒数が321名の高等学校で，生徒会長を決める選挙をしました。A，B，C，Dの4人が立候補し，投票が行われました。すべての生徒が投票し，無効票はなかったとき，次の問いに答えなさい。

□ (20) 220票まで開票したところ，Aが75票，Bが65票，Cが55票，Dが25票となりました。Cが必ず当選するためには，あと何票必要ですか。

《整数の性質》

現在いちばん得票しているAの得票数に注目します。

Cが必ず当選するためには，今後のCの得票以外の票が，すべてAの得票になっても，それよりCの得票が上回る必要があります。

現在，AとCの得票の差は20票ですから，残りの101票のうち，CがAより21票以上多く得票すればよいことになります。

そこで，残りの101票のうち，Aがx票，Bが0票，Cが$(x+21)$票，Dが0票とるものとすると，

$$x + 0 + (\boxed{x + 21}) + 0 = \boxed{101}$$
$$2x = \boxed{80}$$
$$x = \boxed{40}$$

したがって，Cが必ず当選するためには，あと（40＋21）票，つまり$\boxed{61}$票必要になります。

答 $\boxed{61}$票

必ず当選する条件は，Cにもっとも都合の悪い場合を上回ることが必要です。それがどんな場合か考えます。

第2回 1次 計算技能

1 次の計算をしなさい。

□ (1) $(-21)-(-13)+(-8)$

《正負の数の加法・減法》

$(-21)-(-13)+(-8)$

$=-21\boxed{+}13\boxed{-}8$ 　項を並べた式で表します。

$=-21\boxed{-}8\boxed{+}13$ 　同符号どうしの数をまとめます。

$=\boxed{-29}+13=\boxed{-16}$ ……答

正負の数の加法

① 同符号の2数の和……共通の符号，絶対値の和

例 $(-3)+(-5)=-8$

② 異符号の2数の和……絶対値の大きい方の符号，絶対値の大きい方から小さい方をひいた差

例 $(-6)+(+4)=-2$

正負の数の減法

ひく数の符号を変えて，加法になおしてから計算します。

例 $(-6)-(-2)=(-6)+(+2)=-4$

□ (2) $-9-(-48)\div 8$

《正負の数の四則計算》

$-9-(-48)\div 8$

$=-9-(\boxed{-6})$ 　除法を先に計算します。

$=-9\boxed{+}6$ 　項を並べた式で表します。

$=\boxed{-3}$ ……答

問題 ◀◀ p.26

□ (3)　$(-3)^2\times(-2)-4^2$

《累乗をふくむ計算》

$(-3)^2\times(-2)-4^2$

$=\boxed{9}\times(-2)-\boxed{16}$　（累乗を先に計算します。）

$=\boxed{-18}-16$　（乗法を計算します。）

$=\boxed{-34}$　……答

正負の数の四則計算

「**かっこ→累乗→乗法・除法→加法・減法**」の順に計算します。

① かっこがあるときは，かっこの中を先に計算します。

② 累乗があるときは，累乗を先に計算します。

③ 乗法や除法は，加法や減法より先に計算します。

例　$(-6)-(-2)\times3=(-6)-(-6)=0$

□ (4)　$-\dfrac{2}{5}\times\dfrac{1}{8}-\left(-\dfrac{1}{2}\right)^2$

《分数の計算》

$-\dfrac{2}{5}\times\dfrac{1}{8}-\left(-\dfrac{1}{2}\right)^2$

$=-\dfrac{2}{5}\times\dfrac{1}{8}-\dfrac{1}{4}$　（累乗を先に計算します。）

$=-\dfrac{\overset{\boxed{1}}{\cancel{2}}\times1}{5\times\underset{\boxed{4}}{\cancel{8}}}-\dfrac{1}{4}$　（乗法を計算します。）←約分します。

$=-\dfrac{1}{20}-\dfrac{5}{20}$　（通分します。）

$=-\dfrac{\overset{\boxed{3}}{\cancel{6}}}{\underset{\boxed{10}}{\cancel{20}}}=\boxed{-\dfrac{3}{10}}$　……答　（約分します。）

□ (5) $\sqrt{18}-\sqrt{32}+\sqrt{50}$

《平方根の計算》

$$\sqrt{18}-\sqrt{32}+\sqrt{50}$$

$=\sqrt{9\times2}-\sqrt{16\times2}+\sqrt{25\times2}$ ←根号の中の平方数を見つけます。

$=\sqrt{3^2\times2}-\sqrt{4^2\times2}+\boxed{\sqrt{5^2\times2}}$

$=\boxed{3\sqrt{2}}-\boxed{4\sqrt{2}}+\boxed{5\sqrt{2}}$ ←根号の中を小さい数にします。

$=\boxed{4\sqrt{2}}$ …… 答

平方根の変形

$a>0,\ b>0$ のとき，$\sqrt{a^2b}=a\sqrt{b}$

例 $\sqrt{18}=\sqrt{3^2\times2}=3\sqrt{2}$

平方根の加法・減法

$a>0$ のとき，

$$\ell\sqrt{a}+m\sqrt{a}=(\ell+m)\sqrt{a}$$

$$\ell\sqrt{a}-m\sqrt{a}=(\ell-m)\sqrt{a}$$

□ (6) $(\sqrt{3}-1)(\sqrt{3}+3)-\dfrac{6}{\sqrt{3}}$

《平方根の計算》

$$(\sqrt{3}-1)(\sqrt{3}+3)-\frac{6}{\sqrt{3}}$$

$=(\boxed{\sqrt{3}})^2+\boxed{3\sqrt{3}}-\boxed{\sqrt{3}}-3-\dfrac{6}{\sqrt{3}}$ 展開します。

$=\boxed{3}+\boxed{2\sqrt{3}}-3-\dfrac{6\times\sqrt{3}}{\sqrt{3}\times\sqrt{3}}$ 分母を有理化します。

$=2\sqrt{3}-\dfrac{\overset{\boxed{2}}{\cancel{6}}\sqrt{3}}{\underset{\boxed{1}}{\cancel{3}}}$ ←約分します。

$=2\sqrt{3}-\boxed{2\sqrt{3}}=\boxed{0}$ …… 答

分母の有理化

分母に根号がふくまれない形にすることを，分母を有理化するといいます。

$$\frac{b}{\sqrt{a}}=\frac{b}{\sqrt{a}}\times\frac{\sqrt{a}}{\sqrt{a}}=\frac{b\sqrt{a}}{a}$$

□ (7)　$3(2x-7)+6(3x+2)$

《文字式の計算》

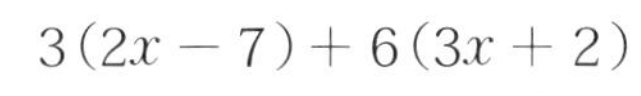

$3(2x-7)+6(3x+2)$ 　分配法則でかっこをはずします。

$=\boxed{6x-21}+18x+12$ 　項を並べかえます。

$=\boxed{6x}+18x-\boxed{21}+12$ 　同類項をまとめます。

$=\boxed{24x-9}$ ……答

□ (8)　$0.3(x-3)-0.4(2x-1)$

《文字式の計算》

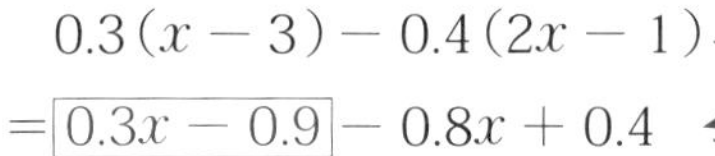

$0.3(x-3)-0.4(2x-1)$ 　分配法則でかっこをはずします。

$=\boxed{0.3x-0.9}-0.8x+0.4$ 　項を並べかえます。

$=\boxed{0.3x}-0.8x-\boxed{0.9}+0.4$ 　同類項をまとめます。

$=\boxed{-0.5x-0.5}$ ……答

□ (9)　$2(3x-4y)-3(2x-5y)$

《文字式の計算》

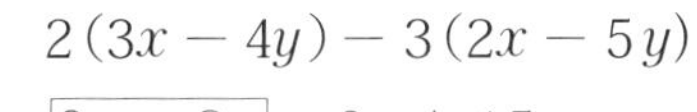

$2(3x-4y)-3(2x-5y)$ 　分配法則でかっこをはずします。

$=\boxed{6x-8y}-6x+15y$ 　項を並べかえます。

$=\boxed{6x}-6x-\boxed{8y}+15y$ 　同類項をまとめます。

$=\boxed{7y}$ ……答

数と多項式の乗法，単項式と多項式の乗法

数と多項式，単項式と多項式の乗法は，分配法則を使って，次のように計算します。

例　$3(2x+3y)=3\times 2x+3\times 3y=6x+9y$

同類項をまとめる

多項式は，同類項があれば，それをまとめて簡単にすることができます。

例　$3x+4y+5x-2y=8x+2y$

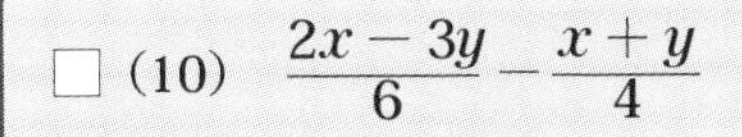

□ (10)　$\dfrac{2x-3y}{6}-\dfrac{x+y}{4}$

《分数式の計算》

$$\frac{2x-3y}{6}-\frac{x+y}{4}$$

$$=\frac{2(2x-3y)}{12}-\boxed{\frac{3(x+y)}{12}}$$

通分します。

$$=\frac{2(2x-3y)\boxed{-3}(x+y)}{12}$$

$$=\frac{4x-6y\boxed{-3x}\boxed{-3y}}{12}$$

同類項をまとめます。

$$=\boxed{\frac{x-9y}{12}}$$ ……答

分数式の計算

次の手順で計算します。

通分する　→　１つの分数にまとめる　→　分子のかっこをはずす　→　同類項をまとめる

□ (11)　$-6x^6y^8\div 3x^2y^4$

《単項式の乗除》

$$-6x^6y^8 \div 3x^2y^4$$

$$= -6x^6y^8 \times \boxed{\frac{1}{3x^2y^4}}$$

逆数をかけるかけ算にします。

$$= \frac{-\overset{2}{\cancel{6}}\overset{4}{\cancel{x^6}}\overset{4}{\cancel{y^8}}}{\underset{1}{\cancel{3}}\cancel{x^2}\cancel{y^4}}$$

$$= \boxed{-2x^4y^4} \cdots\cdots \text{答}$$

$$\frac{-6x^6y^8}{3x^2y^4} = \frac{-\overset{2}{6}\overset{x^4}{xxxxxx}\overset{y^4}{yyyyyyyy}}{\underset{1}{3}xxyyyy}$$

$$= -2x^4y^4$$

$$\frac{x^6}{x^2} = x^{6-2} = x^4,\ \frac{y^8}{y^4} = y^{8-4} = y^4$$

重要

単項式どうしの除法

単項式どうしの除法は，分数の形にするか，わる式の逆数をかける乗法の式になおして計算します。

例　$8x^3y^2 \div 2x^2y = \dfrac{8x^3y^2}{2x^2y} = 4xy$

□ (12)　$\left(\dfrac{x^3}{2}\right)^2 \div \dfrac{3x^2y^3}{8} \times 6xy^5$

《単項式の乗除》

$$\left(\frac{x^3}{2}\right)^2 \div \frac{3x^2y^3}{8} \times 6xy^5$$

累乗を先に計算します。

$$= \boxed{\frac{x^6}{4}} \div \frac{3x^2y^3}{8} \times 6xy^5$$

逆数をかけるかけ算の式にします。

$$= \frac{x^6}{4} \times \boxed{\frac{8}{3x^2y^3}} \times 6xy^5$$

$$= \frac{\overset{5}{\cancel{x^6}} \times \overset{2}{\cancel{8}} \times \overset{2}{\cancel{6}}x\overset{2}{\cancel{y^5}}}{\underset{1}{\cancel{4}} \times \underset{1}{\cancel{3}}\cancel{x^2}\cancel{y^3}} = \boxed{4x^5y^2} \cdots\cdots \text{答}$$

ポイント

$$\frac{x^6x}{x^2} = \frac{x^7}{x^2} = x^{7-2} = x^5,\ \frac{y^5}{y^3} = y^{5-3} = y^2$$

2 次の式を展開して計算しなさい。

□ (13)　$(2a+3b)(-2a+3b)$

《多項式の計算》

$(2a+3b)(-2a+3b)$

$=(3b+2a)(3b-\boxed{2a})$

$=(3b)^2-(\boxed{2a})^2$　乗法公式を用います。

$=\boxed{9b^2-4a^2}$ …… 答

□ (14)　$(x-3)^2-(x-2)(x-4)$

《多項式の計算》

分配法則と乗法公式を用います。

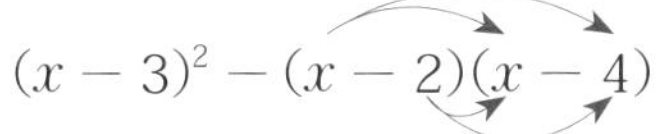

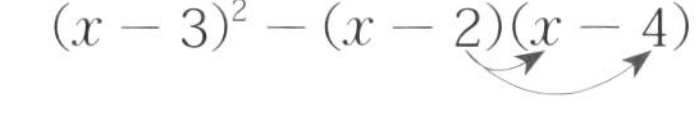

$(x-3)^2-(x-2)(x-4)$

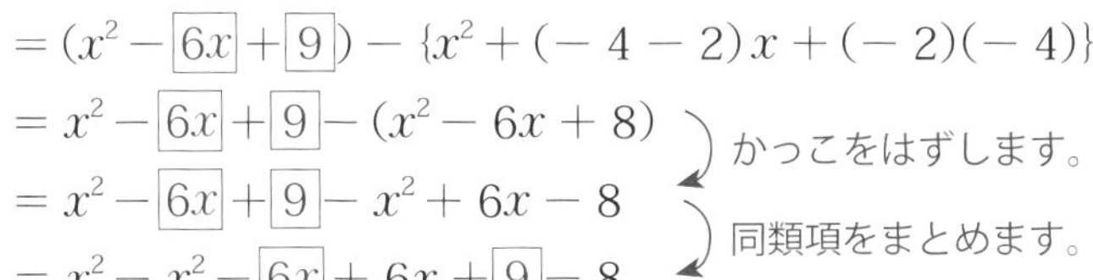

$=(x^2-\boxed{6x}+\boxed{9})-\{x^2+(-4-2)x+(-2)(-4)\}$

$=x^2-\boxed{6x}+\boxed{9}-(x^2-6x+8)$　かっこをはずします。

$=x^2-\boxed{6x}+\boxed{9}-x^2+6x-8$　同類項をまとめます。

$=x^2-x^2-\boxed{6x}+6x+\boxed{9}-8$

$=\boxed{1}$ …… 答

乗法の公式

① $(x+a)(x+b)=x^2+(a+b)x+ab$

② $(x+a)^2=x^2+2ax+a^2$

③ $(x-a)^2=x^2-2ax+a^2$

④ $(x+a)(x-a)=x^2-a^2$

問題◀◀p.26

3 次の式を因数分解しなさい。

□ (15) $x^2 - 5x - 24$

《因数分解》

$$x^2 \underline{-5}x \underline{-24}$$
$$= x^2 + \{\boxed{3} + (\boxed{-8})\}x + \boxed{3} \times \boxed{(-8)}$$
$$= (x + \boxed{3})\{x + (\boxed{-8})\}$$
$$= \boxed{(x+3)(x-8)} \quad \cdots\cdots 答$$

ポイント
積が－24になる2つの数の組の中から，和が－5になる数を見つけます。

□ (16) $(x+y)(2x+y)-(x+y)$

《因数分解》

$$(x+y)(2x+y)-(x+y)$$
$$= \boxed{A}(2x+y) - \boxed{A}$$
$$= \boxed{A}(\boxed{2x+y-1})$$
$$= \boxed{(x+y)(2x+y-1)} \quad \cdots\cdots 答$$

$x+y$ を A とおきます。

共通因数 A でくくります。

A をもとにもどします。

式の中に同じ多項式があるときは，他の文字におきかえてみましょう。

重要 因数分解の公式

① $x^2 + (a+b)x + ab = (x+a)(x+b)$

② $x^2 + 2ax + a^2 = (x+a)^2$

③ $x^2 - 2ax + a^2 = (x-a)^2$

④ $x^2 - a^2 = (x+a)(x-a)$

4 次の方程式を解きなさい。

□ (17) $8x-6=2x-2$

解説・解答 《1次方程式》

$$8x-6=2x-2$$

$2x$, -6を移項すると,

$$8x-\boxed{2x}=-2+\boxed{6}$$

符号を変えて，他方の辺に移します。

$$\boxed{6x}=\boxed{4}$$

両辺を6でわります。

$$x=\boxed{\frac{2}{3}}$$

答 $x=\boxed{\frac{2}{3}}$

□ (18) $0.9x+3=-0.7x-0.2$

解説・解答 《1次方程式》

$$0.9x+3=-0.7x-0.2$$

両辺を$\boxed{10}$倍すると,

$$\boxed{9x}+30=-\boxed{7x}-2$$

xの係数を整数にします。

$-7x$, 30を移項すると,

$$9x+\boxed{7x}=-2-\boxed{30}$$

$$\boxed{16x}=\boxed{-32}$$

両辺を16でわると,

$$x=\boxed{-2}$$

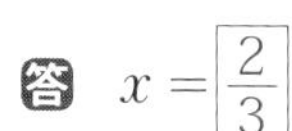

答 $x=\boxed{-2}$

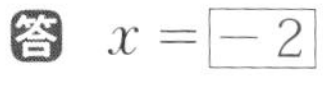

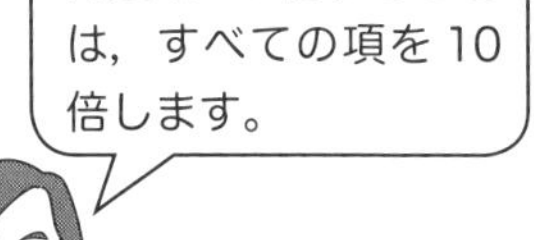

両辺を10倍するときは，すべての項を10倍します。

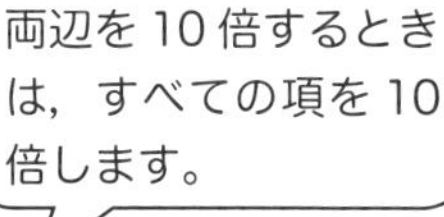

1次方程式の解き方

① 係数に小数や分数があるときは，両辺に適当な数をかけて，係数を整数にします。かっこがあればはずします。

② 移項して，文字がある項どうし，数の項どうしを集めます。

③ 両辺を整理して $ax = b$ の形にします。

④ 両辺を x の係数 a でわります。

□（19） $\boldsymbol{x^2 = 5x}$

《2次方程式》 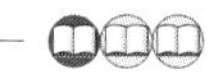

$$x^2 = 5x$$

$5x$ を移項すると，

$$x^2 - 5x = 0$$

$$x(x\boxed{-5}) = 0$$

$$x = \boxed{0}，または\quad x = \boxed{5}$$

答 $x = \boxed{0，5}$

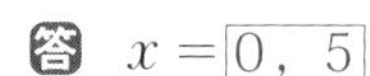

2次方程式の解き方

2次方程式 $ax^2 + bx + c = 0$ の解は，左辺が因数分解できるときは，次のことがらを使って解くことができます。

$AB = 0$ ならば $A = 0$ または $B = 0$

また，$ax^2 + c = 0$ の形の方程式は，$x^2 = ○$の形に変形して解くことができます。

□（20） $\boldsymbol{x^2 + 8x + 4 = 0}$

《2次方程式》 

$$x^2 + 8x + 4 = 0$$

解の公式を用いると,

$$x=\frac{\boxed{-8}\pm\sqrt{\boxed{8^2}-4\times\boxed{1}\times\boxed{4}}}{2\times 1}$$

$$x=\frac{-8\pm\boxed{\sqrt{48}}}{2}$$

$$x=\frac{-8\pm\boxed{4\sqrt{3}}}{2}$$

$$x=\boxed{-4\pm 2\sqrt{3}}$$

答 $x=\boxed{-4\pm 2\sqrt{3}}$

左辺が因数分解できない場合は,解の公式を使います。

2次方程式の解の公式による解き方

(2次式)＝0の左辺が因数分解できないときは,$(x+m)^2=\square$の形にするか,解の公式を用いて解きます。

① 2次方程式 $ax^2+bx+c=0$ の解は,

$$x=\frac{-b\pm\sqrt{b^2-4ac}}{2a}$$

② 2次方程式 $ax^2+2b'x+c=0$ の解は,

$$x=\frac{-b'\pm\sqrt{b'^2-ac}}{a}$$

上の①の公式をしっかりおぼえておきましょう。

5 次の連立方程式を解きなさい。

□ (21) $\begin{cases} 2x + 3y = 9 \\ x - 2y = 1 \end{cases}$

《連立方程式》

$$\begin{cases} 2x + 3y = 9 & \cdots\cdots① \\ x - 2y = 1 & \cdots\cdots② \end{cases}$$

$$\begin{array}{lrl} ① & & 2x + 3y = 9 \\ ②\times 2 & -) & 2x - 4y = 2 \\ \hline & & \boxed{7y} = \boxed{7} \\ & & y = \boxed{1} \end{array}$$

加減法で，x を消去します。

$y = 1$ を②へ代入すると，

$$x - 2 \times \boxed{1} = 1$$

$$x = 1 + \boxed{2} = \boxed{3}$$

答　$x = \boxed{3}$，$y = \boxed{1}$

加減法と代入法のどちらか解きやすい方法で解きましょう。

□ (22) $\begin{cases} 0.3x - 0.2y = 0.1 \\ \frac{1}{2}x + \frac{1}{3}y = \frac{5}{6} \end{cases}$

《連立方程式》 

$$\begin{cases} 0.3x - 0.2y = 0.1 & \cdots\cdots① \\ \frac{1}{2}x + \frac{1}{3}y = \frac{5}{6} & \cdots\cdots② \end{cases}$$

$$\begin{array}{lrll} ①\times 10 & & 3x - 2y = 1 & \cdots\cdots③ \\ ②\times 6 & +) & 3x + 2y = 5 & \cdots\cdots④ \\ \hline & & \boxed{6x} \quad = \boxed{6} & \\ & & x \quad = \boxed{1} & \end{array}$$

ポイント

加減法で，y を消去します。

$x = 1$ を③に代入すると，

$$3 \times \boxed{1} - 2y = 1$$

$$-2y = \boxed{-2}$$

$$y = \boxed{1}$$

答 $x = \boxed{1}$, $y = \boxed{1}$

連立方程式の解き方　加減法

連立方程式の左辺どうし，右辺どうしを加えたりひいたりして，一方の文字を消去して解く方法。

連立方程式の解き方　代入法

一方の式を 1 つの文字について解いて他の式に代入して解く方法。

6 次の問いに答えなさい。

□ (23)　$a = 4$, $b = -3$ のとき，$-3ab - 2b^2$ の値を求めなさい。

《式の値》

$a = 4$, $b = -3$ を $-3ab - 2b^2$ に代入すると，

$-3 \times \boxed{4} \times (\boxed{-3}) - 2 \times (\boxed{-3})^2$

$= \boxed{36} - \boxed{18}$

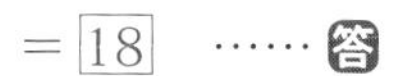

$= \boxed{18}$ ……答

ポイント
負の数は，かっこをつけて代入します。

式の値

式の中の文字を数に置き換えることを代入するといい，代入して計算した結果を**式の値**といいます。

□ (24)　1 個のさいころを 2 回投げるとき，偶数と奇数が 1 回ずつ出る確率を求めなさい。

《確率》

さいころを 2 回投げるとき，目の出方は 1 回目が 6 通り，2

回目も 6 通りですから，すべての目の出方は，6×6＝36 で，全部で 36 通りあります。

偶数と奇数が 1 回ずつ出るのは，次の 18 通りです。

（1，2），（1，4），（1，6），（2，1），（2，3），（2，5）
（3，2），（3，4），（3，6），（4，1），（4，3），（4，5）
（5，2），（5，4），（5，6），（6，1），（6，3），（6，5）

したがって，求める確率は，

$$\frac{18}{36}=\frac{1}{2}$$

答 $\frac{1}{2}$

解説・別解

右のような表をつくって調べます。

右のように，6 × 6 ＝ 36 で，目の出方は全部で 36 通りあります。

偶数と奇数が 1 回ずつ出るのは，右の○印の場合で，全部で 18 通りです。

したがって，求める確率は，

$$\frac{18}{36}=\frac{1}{2}$$

1回目 ＼ 2回目	1	2	3	4	5	6
1		○		○		○
2	○		○		○	
3		○		○		○
4	○		○		○	
5		○		○		○
6	○		○		○	

$\frac{1}{2}$

確率の求め方

起こりうるすべての場合が n 通りあり，そのどれが起こることも同様に確からしいとします。このとき，あることがら A が起こる場合が a 通りあるとすると，

A が起こる確率 p は，$p=\dfrac{a}{n}$

□ (25) 右の図の直角三角形について，x の値を求めなさい。

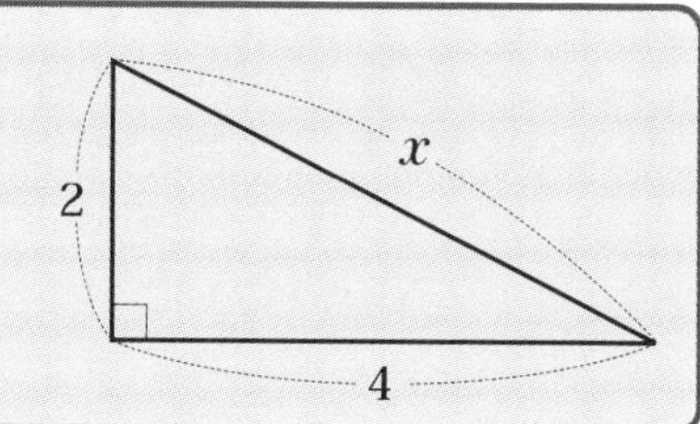

《三平方の定理》

三平方の定理から，　$x^2 = 2^2 + \boxed{4^2}$

$x^2 = \boxed{20}$

$x > 0$ ですから，　$x = \boxed{\sqrt{20}} = \sqrt{\boxed{2^2} \times 5}$

$= \boxed{2\sqrt{5}}$

答　$x = \boxed{2\sqrt{5}}$

三平方の定理

直角三角形の直角をはさむ2辺の長さを a，b とし，斜辺の長さを c とすると，次の関係が成り立ちます。

$$a^2 + b^2 = c^2$$

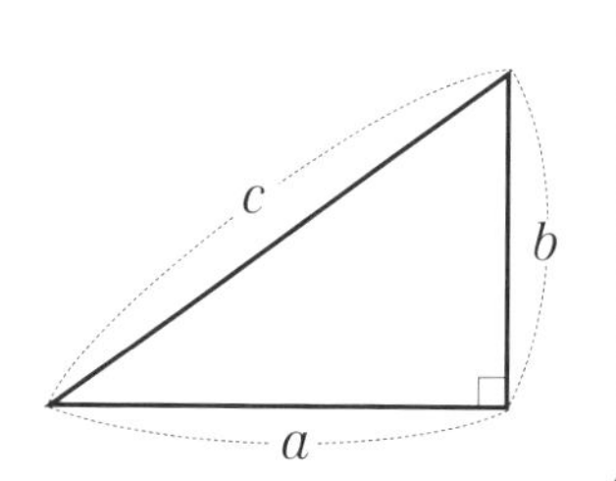

□ (26) 1次関数 $y = -3x + 2$ において，$x = -2$ のときの y の値を求めなさい。

《1次関数》

$x = -2$ を1次関数 $y = -3x + 2$ に代入します。

$y = -3 \times (\boxed{-2}) + 2$

$= \boxed{6} + 2$

$= \boxed{8}$

答　$y = \boxed{8}$

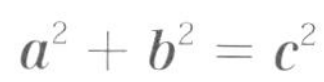

1次関数

yがxの関数で,

$$y = ax + b \quad (a,\ b\text{は定数})$$

のように,yがxの1次式で表されるとき,yはxの1次関数といいます。

□ (27) yはxの2乗に比例し,$x = -4$のとき$y = 40$です。このとき,yをxの式で表しなさい。

《比例・反比例》

yがxの2乗に比例するとき,$y = ax^2$(aは比例定数)と表すことができます。

$x = -4$のとき$y = 40$ですから,

$$40 = a \times (\boxed{-4})^2$$

$$40 = \boxed{16a}$$

したがって,　$a = \boxed{\dfrac{40}{16}} = \boxed{\dfrac{5}{2}}$

式は,　$y = \boxed{\dfrac{5}{2}x^2}$

答　$y = \boxed{\dfrac{5}{2}x^2}$

xの2乗に比例する関数ですから,まず求める式を$y = ax^2$とおきます。

関数$y = ax^2$の式の求め方

求める式を$y = ax^2$とおいて,1組のx, yの値を代入してaの値を求めます。

□ (28) 右の図で，OP = PQ = QR = RS のとき，∠x の大きさは何度ですか。

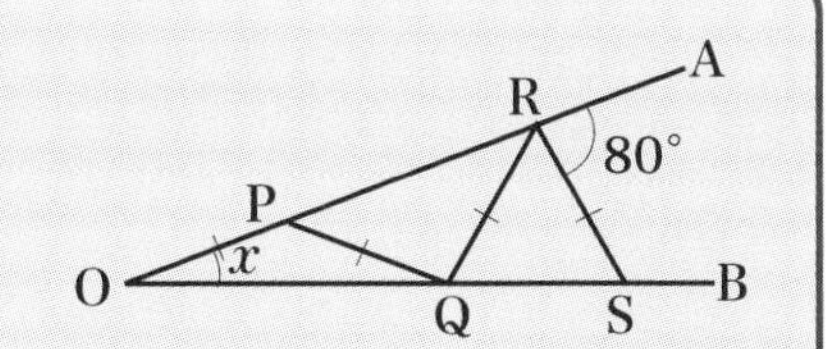

《平面図形》

上の図で，OP = PQ より，二等辺三角形の底角が等しいことから，

∠POQ =∠PQO =∠x

∠QPR は△POQ の外角で，隣り合わない 2 つの内角の和に等しいことから，

ポイント

∠QPR =∠POQ +∠PQO
= 2∠x

同様に，PQ = QR より，

∠QPR =∠QRP = 2∠x

∠RQS は△QOR の外角ですから，

∠RQS =∠QOR +∠QRO
=∠x + 2∠x = 3∠x

同様に，QR = RS より，

∠RQS =∠RSQ = 3∠x

∠SRA は△ROS の外角ですから，

∠SRA =∠ROS +∠RSQ
=∠x + 3∠x = 4∠x

以上から， 4∠x = 80°

∠x = 20°

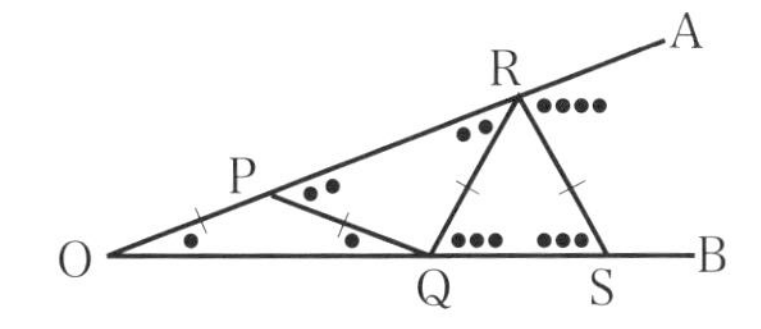

ワンポイント・アドバイス

∠POQ → ∠PQO → ∠QPR → ∠QRP → ∠RQS → ∠RSQ → ∠SRA の順に∠x で表します。

□ (29) 右の図で，$\ell \parallel m$，五角形 ABCDE が正五角形のとき，$\angle x$ の大きさは何度ですか。

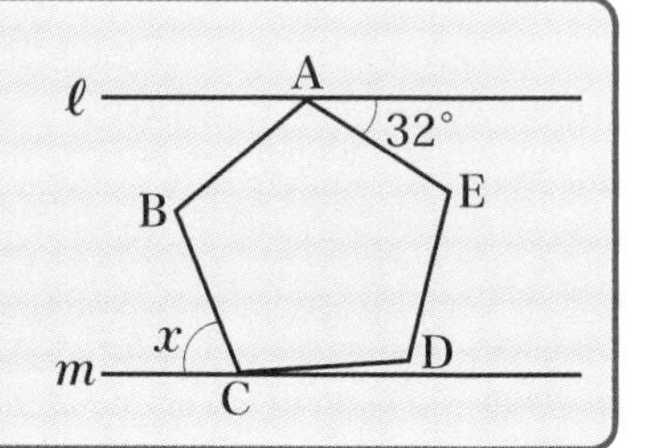

《平面図形》

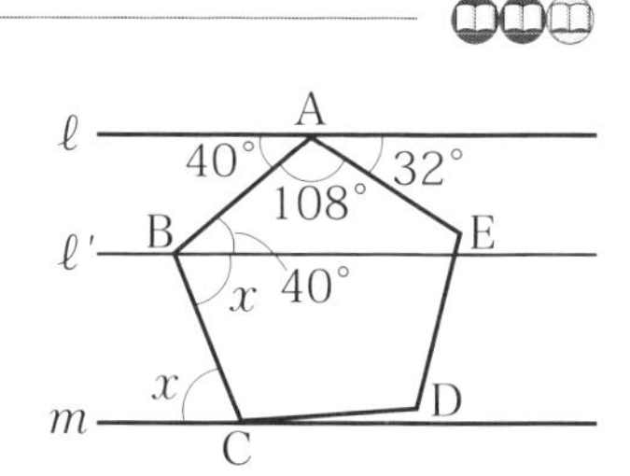

正五角形の 1 つの外角は，

$360° \div 5 = 72°$

したがって，1 つの内角は，

$180° - 72° = 108°$

右の図のように，点 B を通る直線 ℓ に平行な直線 ℓ' をひくと，

$\angle x + 40° = 108°$

$\angle x = 108° - 40°$

$= 68°$

ポイント
補助線をひき，内角の大きさや錯角を利用して等しい角を見つけます。

補助線をひいて，求める角を別の角におきかえて考えましょう。

答

68 度

重要

平行線の性質

2 直線に 1 つの直線が交わるとき，次のことが成り立つ。

① 2 直線が平行ならば，同位角は等しい。

② 2 直線が平行ならば，錯角は等しい。

多角形の内角の和

n 角形の内角の和は，$180° \times (n-2)$

多角形の外角の和

多角形の外角の和は 360° です。

□ (30) 右の図のように，正方形 ABCD の辺 BC の中点 M と点 D を結ぶ線分と，対角線 AC との交点を P とするとき，△ABP の面積は何 cm^2 ですか。

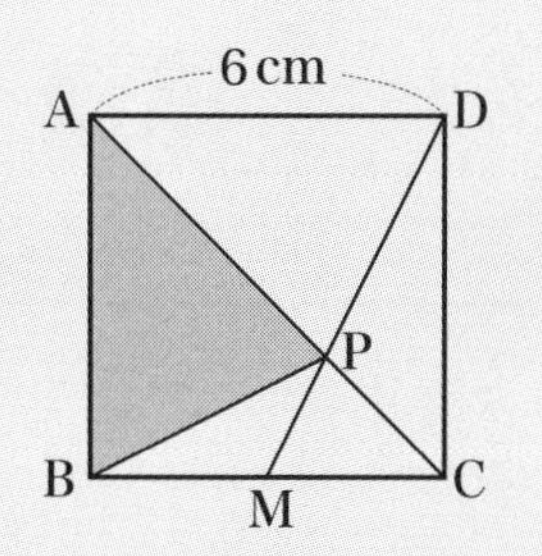

《平面図形》

AD // BC より，

△APD ∽△CPM

したがって，

AP：CP ＝AD：CM

AP：CP ＝6：3＝ 2 ：1

よって，AP ＝$\frac{2}{3}$AC より，

AP：AC ＝ AP：(AP ＋ CP)
＝ 2：(2 ＋ 1)
＝ 2：3

△ABP ＝△ABC × $\frac{2}{3}$

$= \left(\frac{1}{2} \times 6 \times 6\right) \times \frac{2}{3} = 12$ (cm^2)

ワンポイント・アドバイス
平行線によってはさまれた⧖の形に着目して相似な三角形を利用しましょう。

答 12 cm^2

相似な図形の性質

① 対応する線分の長さの比はすべて等しい。

② 対応する角の大きさはそれぞれ等しい。

三角形の相似条件

2つの三角形は，次のいずれかが成り立つとき相似であるといいます。

① 3組の辺の比がすべて等しい。

② 2組の辺の比が等しく，その間の角が等しい。

③ 2組の角がそれぞれ等しい。

問題◀◁p.28

第2回 2次 数理技能

1 4つの整数a, b, c, dから2つずつとって和をつくると，33，35，38，41，44，46になりました。4つの整数の大小の関係が$a < b < c < d$のとき，次の問いに答えなさい。

□ (1) $a+b$, $a+c$, $b+d$, $c+d$をそれぞれ求めなさい。

《整数》 

a, b, c, dから2つずつとって和をつくると，

$$a+b,\ a+c,\ a+d,\ b+c,\ b+d,\ c+d$$

の6つの和ができます。

$a < b < c < d$ですから，この6つの整数の和の大小関係は，

$$\boxed{a+b} < a+c < \left\{\begin{matrix} b+c \\ a+d \end{matrix}\right\} < b+d < \boxed{c+d}$$

であることがわかります。

したがって，

$$a+b=\boxed{33},\ a+c=\boxed{35},\ b+d=\boxed{44},\ c+d=\boxed{46}$$

であることがわかります。

答 $a+b=\boxed{33}$, $a+c=\boxed{35}$, $b+d=\boxed{44}$, $c+d=\boxed{46}$

□ (2) $b+c$を求めなさい。

《整数の性質》 

(1)より， $b=33-a$, $c=\boxed{35-a}$

したがって，

$$\begin{aligned} b+c &= (33-a)+(\boxed{35-a}) \\ &= 68-2a = 2(\boxed{34-a}) \end{aligned}$$

よって，$b+c$は2の倍数，つまり［偶数］ですから，残りの［38］

と 41 のうち，38 であることがわかります。

答　38

□ (3)　a，b，c，d をそれぞれ求めなさい。

《整数》 

(2) より，　$b + c = 2(34 - a) = 38$

$34 - a = 19$

$a = 15$

したがって，(1) より，

$a + b = 33$ から，$15 + b = 33$　　$b = 18$

$a + c = 35$ から，$15 + c = 35$　　$c = 20$

$b + d = 44$ から，$18 + d = 44$　　$d = 26$

答　$a = 15$，$b = 18$，$c = 20$，$d = 26$

大小関係だけで a，b，c，d が定まらないときは，いくつかの条件を使って，どれか 1 つの文字で他の文字を表してみましょう。

2　右の図のように，半径が10cm の半円 OAB を点 A を中心に 30°回転し，半円 O'AB' に移動しました。このとき，次の問いに単位をつけて答えなさい。ただし，円周率は π とします。

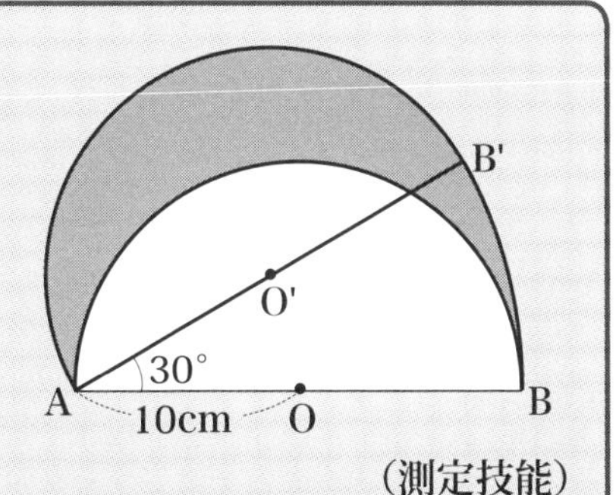

（測定技能）

□ (4)　色のついた部分のまわりの長さは何 cm ですか。

《平面図形》 

色の部分のまわりは，$\overset{\frown}{AB}$，$\overset{\frown}{AB'}$，$\overset{\frown}{BB'}$ の 3 つの円弧でできてい

ます。

$\overset{\frown}{AB}$，$\overset{\frown}{AB'}$は，どちらも半径 10cm の円の円周の半分，$\overset{\frown}{BB'}$は，半径 20cm，中心角 30°のおうぎ形の弧です。

したがって，色の部分のまわりの長さは，

$$\left(2\pi\times 10\times\frac{1}{2}\right)\times\boxed{2}+\left(2\pi\times 20\times\frac{\boxed{30}}{360}\right)$$

$$=\boxed{20\pi}+\boxed{\frac{10}{3}\pi}$$

$$=\boxed{\frac{70}{3}\pi}$$

 $\boxed{\frac{70}{3}\pi\ \mathrm{cm}}$

□（5） 色のついた部分の面積は何 cm² ですか。

《平面図形》 

次の図のように，①～④の 4 つの部分に分けて考えます。

（色の部分）＝③＋④

＝（半円 O′AB′ －①）＋④

＝（半円 OAB －①）＋④

＝②＋④

＝おうぎ形 ABB′

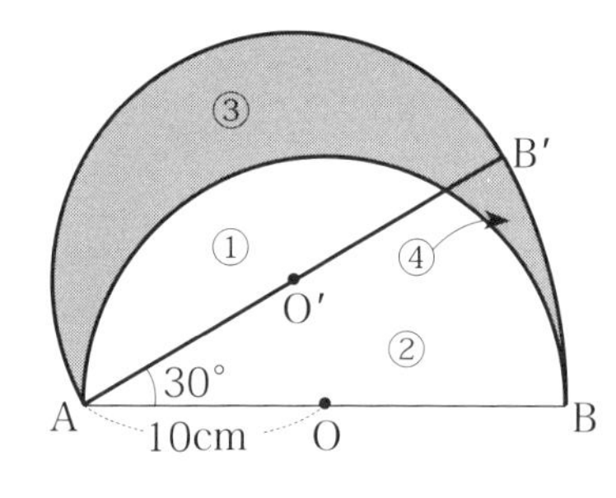

したがって，色の部分の面積は，

$$\pi\times\boxed{20^2}\times\frac{\boxed{30}}{360}=\boxed{\frac{100}{3}\pi}$$

 $\boxed{\frac{100}{3}\pi\ \mathrm{cm}^2}$

図形を移動する問題では，面積が等しくなる場所を探してみましょう。

おうぎ形の弧の長さと面積

半径が r，中心角が $a°$ のおうぎ形の弧の長さ ℓ は，

$$\ell = 2\pi r \times \frac{a}{360}$$

面積 S は，

$$S = \pi r^2 \times \frac{a}{360}$$

3 けんじさんとたけしさんは，それぞれ20点の持ち点で，あるゲームを始めました。1回のゲームごとに勝敗を決め，勝ったほうは持ち点を3点増やし，負けたほうは1点減らすことにしました。このゲームを20回くり返したとき，けんじさんの持ち点はたけしさんの持ち点の3倍になりました。けんじさんの勝った回数を x 回，たけしさんの勝った回数を y 回として，次の問いに答えなさい。ただし，このゲームには引き分けはありません。

□(6)　x, y を求めるための連立方程式をつくりなさい。(表現技能)

《連立方程式》

けんじさんは x 回勝ち，y 回負けたので，持ち点は3x 点増え，y 点減りました。したがって，けんじさんの持ち点は$(20 + 3x - y)$点となります。

たけしさんは x 回負け，y 回勝ったので，持ち点は x 点減り，3y 点増えました。したがって，たけしさんの持ち点は$(20 - x + 3y)$点となります。

ポイント

けんじさんの持ち点はたけしさんの持ち点の3倍になったので，

$$20 + 3x - y = 3(\boxed{20 - x + 3y}) \quad \cdots\cdots ①$$

ゲームは20回くり返し，引き分けはないから，

$$\boxed{x + y} = 20 \quad \cdots\cdots ②$$

答 $\begin{cases} \boxed{20 + 3x - y = 3(20 - x + 3y)} \\ \boxed{x + y = 20} \end{cases}$

□ (7) けんじさんとたけしさんが勝った回数をそれぞれ求めなさい。

《連立方程式》 

$$\begin{cases} 20 + 3x - y = 3(20 - x + 3y) & \cdots\cdots① \\ x + y = 20 & \cdots\cdots② \end{cases}$$

上の連立方程式を解きます。

①のかっこをはずすと，

$$20 + 3x - y = \boxed{60 - 3x + 9y}$$

移項して整理すると，

$$6x - 10y = 40$$

$$3x - 5y = 20 \quad \cdots\cdots③$$

$$\begin{array}{lrl} ③ & 3x - 5y = & 20 \\ ②\times 5 \quad +) & 5x + 5y = & 100 \\ \hline & \boxed{8x} \quad = & \boxed{120} \\ & \boxed{x} \quad = & \boxed{15} \end{array}$$

$x = 15$ を②へ代入すると， $\boxed{15} + y = 20$ 　　$y = \boxed{5}$

答 けんじ$\boxed{15}$回，たけし$\boxed{5}$回

連立方程式の応用

次の手順で解くことができます。

① どの数量を文字で表すかを決めます。

② 等しい関係にある数量を見つけて連立方程式をつくります。

③ 連立方程式を解きます。

④ 連立方程式の解が問題に適しているかどうか確かめます。

4 右のように，正方形ABCDと正方形CPQRが頂点Cを共有して重なっています。このとき，次の問いに答えなさい。 (証明技能)

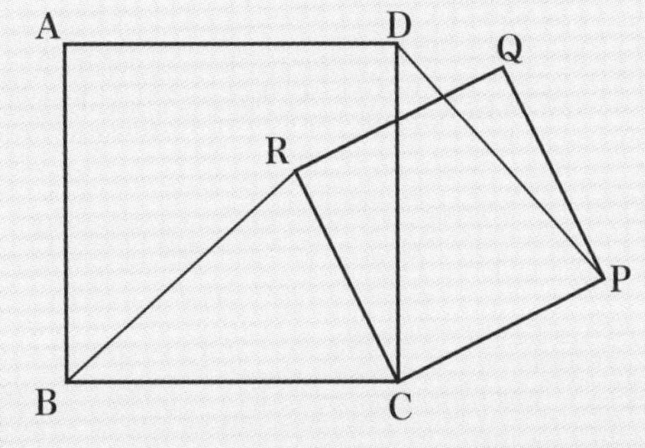

□ (8) BR = DP を証明するには，どの三角形とどの三角形が合同であることを示せばよいですか。

《図形の合同》 

BR = DP を証明するには，辺 BR と辺 DP をふくむ△BCR と△DCP が合同であることを示します。

答 △BCR と △DCP

□ (9) ∠BCR =∠DCP となることを証明しなさい。

《正方形と角》 

正方形 ABCD と正方形 CPQR で，∠BCD =∠RCP = 90°であるから，

∠BCR =∠BCD −∠RCD = 90°−∠RCD

∠DCP =∠RCP −∠RCD = 90°−∠RCD

したがって， ∠BCR =∠DCP

□ (10) 上の (8) で答えた 2 つの三角形が合同であることを示すときに用いる合同条件を言葉で答えなさい。

《図形の合同》 

△BCR と△DCP において，(9) より，

∠BCR =∠DCP

問題 p.31

また，正方形 ABCD で，　BC ＝ DC

正方形 CPQR で，　CR ＝ CP

したがって，2 組の辺とその間の角がそれぞれ等しいから，

△ BCR ≡ △ DCP

答　2 組の辺とその間の角がそれぞれ等しい

三角形の３つの合同条件は，言葉でも正確にいえるようにおぼえておきましょう。

三角形の合同条件

２つの三角形は，次のどれかが成り立つとき合同であるといいます。

① ３組の辺がそれぞれ等しい。
② ２組の辺とその間の角がそれぞれ等しい。
③ １組の辺とその両端の角がそれぞれ等しい。

5　**縦 $x$cm，横 $3x$cm の長方形があります。これについて，次の問いに単位をつけて答えなさい。**

□（11）　縦の長さを 8 cm 長くし，横の長さを 9 cm 短くすると，面積はもとの長方形より何 cm² 大きくなりますか。答えは x を用いて表し，展開して整理した形で答えなさい。（表現技能）

《2 次方程式》

もとの長方形の面積は，

$$x \times 3x = 3x^2 \ (\mathrm{cm}^2)$$

新しくつくった長方形の面積は，

$$(x + 8)(3x - 9) \ \mathrm{cm}^2$$

したがって，

$$\boxed{(x+8)(3x-9)} - \boxed{3x^2} = 3x^2 + \boxed{15x} - 72 - \boxed{3x^2}$$
$$= \boxed{15x - 72}\ (\mathrm{cm}^2)$$

答 $\boxed{(15x - 72)\,\mathrm{cm}^2}$

参考
式に単位をつけて表す場合は，次のどちらかの方法で表します。

$15x - 72\ (\mathrm{cm}^2)$，　または　$(15x - 72)\,\mathrm{cm}^2$

□（12）（11）で，面積がもとの長方形の 25％だけ大きくなるとき，もとの長方形の縦と横の長さはそれぞれ何 cm ですか。この問題は，計算の途中の式と答えを書きなさい。

《2 次方程式》

（11）より，$(15x - 72)\,\mathrm{cm}^2$ がもとの長方形の面積 $3x^2\mathrm{cm}^2$ の 25％になればよいから，

$$\underbrace{15x - 72}_{\text{増えた面積}} = \underbrace{3x^2 \times \boxed{\frac{25}{100}}}_{\text{もとの長方形の面積の 25\%}}$$

これを解くと，

$$15x - 72 = \boxed{\frac{3}{4}}x^2$$
（両辺に 4 をかけます。）
$$60x - 288 = \boxed{3x^2}$$
（移項して両辺を 3 でわります。）
$$\boxed{x^2 - 20x} + 96 = 0$$
（左辺を因数分解します。）
$$(x - 8)(\boxed{x - 12}) = 0$$

したがって，

$$x = \boxed{8},\ x = \boxed{12}$$

よって，$x = 8$ のとき，

縦は $\boxed{8}$ cm，横は $3x = 3 \times \boxed{8} = \boxed{24}$ より $\boxed{24}$ cm

$x = \boxed{12}$ のとき，

縦は $\boxed{12}$ cm，横は $3x = 3 \times \boxed{12} = 36$ より $\boxed{36}$ cm

答 縦 $\boxed{8\ \mathrm{cm}}$，横 $\boxed{24\ \mathrm{cm}}$，または縦 $\boxed{12\ \mathrm{cm}}$，横 $\boxed{36\ \mathrm{cm}}$

問題 ◀◁ p.32

2 次方程式の応用

次の手順で解くことができます。

① どの数量を文字で表すかを決めます。

② 等しい関係にある数量を見つけて方程式をつくります。

③ 方程式を解きます。

④ 方程式の解が問題に適しているかどうか確かめます。

6 下の表は，2010 年から 2050 年にかけての世界人口の推移を予測したものです。これについて，次の問いに答えなさい。

（統計技能）

世界人口の推移（2010 ～ 2050 年）

年次	世界（100万人）	アジア	北アメリカ	南アメリカ	ヨーロッパ	アフリカ	オセアニア
2010	6,896	4,164	542	393	738	1,022	37
2015	7,284	4,375	569	413	742	1,145	39
2020	7,657	4,566	595	431	744	1,278	42
2025	8,003	4,730	619	448	744	1,417	45
2030	8,321	4,868	642	461	741	1,562	47
2035	8,612	4,978	662	472	737	1,713	49
2040	8,874	5,061	680	480	732	1,870	51
2045	9,106	5,115	696	486	726	2,030	53
2050	9,306	5,142	710	488	719	2,192	55

総務省統計局

□（13） 2010 年と 2050 年を比べたとき，世界の 6 つの地域の中で人口が減少しているところはどこですか。

《統計技能》

2010 年と 2050 年の人口を比べると，次のようになります。

年 次	世界（100万人）	アジア	北アメリカ	南アメリカ	ヨーロッパ	アフリカ	オセアニア
2010	6,896	4,164	542	393	738	1,022	37
2050	9,306	5,142	710	488	719	2,192	55

ヨーロッパは 738 → 719 で，人口が減少しています。

答 ヨーロッパ

□（14） **2050年において，アジアの人口は，世界の人口の何%になりますか。答えは小数第2位を四捨五入して小数第1位まで求めなさい。**

《統計技能》 

アジアの人口　世界の人口

5142 ÷ 9306 × 100 = 55.25 ……（%）

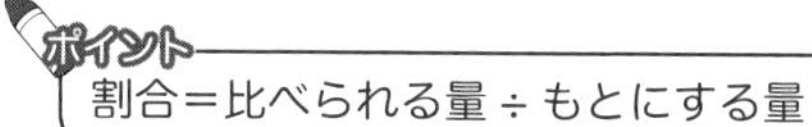

答 55.3 %

割合を四捨五入するのではなく，百分率で表してから四捨五入します。

□（15） **2010年のアフリカの人口を1としたときの2050年のアフリカの人口を求めなさい。答えは小数第3位を四捨五入して小数第2位まで求めなさい。**

《統計技能》 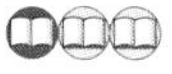

2050年の人口　2010年の人口

2192 ÷ 1022 = 2.144 ……

ポイント
割合＝比べられる量÷もとにする量

答 2.14

単位に注意して，表の数値を正しく読み取りましょう。

もとにする量，比べられる量，割合の関係

割合＝比べられる量÷もとにする量

百分率

百分率＝比べられる量÷もとにする量× 100

7 右の図のように，半径 2cm，高さ 4cm の直円柱を，直線 OO′ と平行な平面 ABCD で 2 つに分けたうちの大きいほうの立体があります。∠ AOB ＝ 60° であるとき，次の問いに単位をつけて答えなさい。ただし，円周率は π とします。

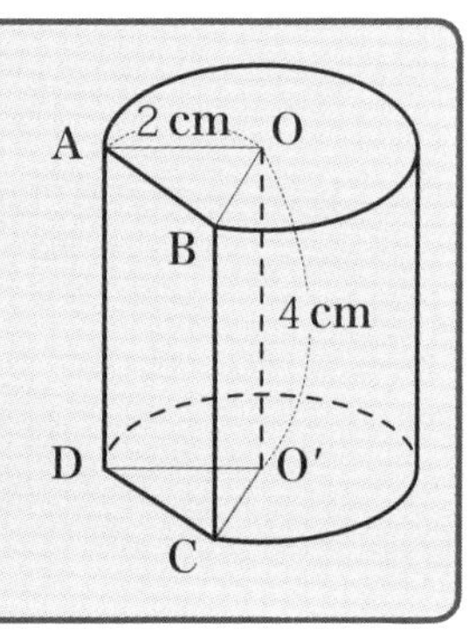

□（16） この立体の体積は何 cm^3 ですか。

《空間図形》

右の図のように，底面はおうぎ形と△ OAB に分けられます。

まず，おうぎ形の面積は，半径が 2cm，中心角が 360° − 60° ＝ 300° なので，

$$\pi \times 2^2 \times \boxed{\frac{300}{360}} = \boxed{\frac{10}{3}\pi} \ (cm^2)$$

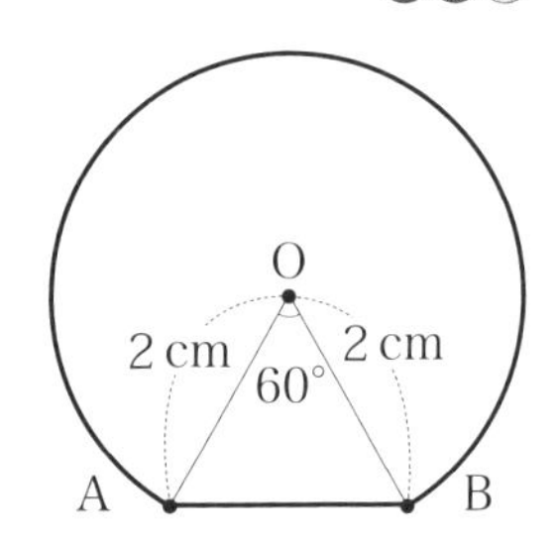

次に，△ OAB は 1 辺の長さが 2cm の正三角形となります。

辺 AB の中点を M とすると，△ OAM は 60° の角をもつ直角三角形となり，OA：OM ＝ 2：$\sqrt{3}$ から OM ＝ $\boxed{\sqrt{3}}$ なので，

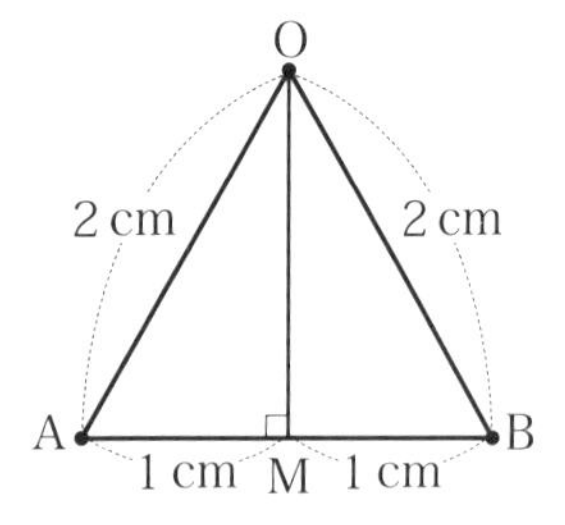

$$\triangle OAB = \frac{1}{2} AB \times OM = \frac{1}{2} \times 2 \times \boxed{\sqrt{3}} = \boxed{\sqrt{3}} \ (cm^2)$$

よって，この立体の体積は，高さが 4（cm）なので，

$$\underbrace{\left(\boxed{\frac{10}{3}\pi+\sqrt{3}}\right)}_{\text{底面積}}\times 4=\boxed{\frac{40}{3}\pi+4\sqrt{3}}\ (\mathrm{cm}^3)$$

答 $\boxed{\left(\frac{40}{3}\pi+4\sqrt{3}\right)\mathrm{cm}^3}$

特別な直角三角形の辺の比

直角二等辺三角形と，60°の角をもつ直角三角形の辺の比はそれぞれ，$1:1:\sqrt{2}$，$1:2:\sqrt{3}$

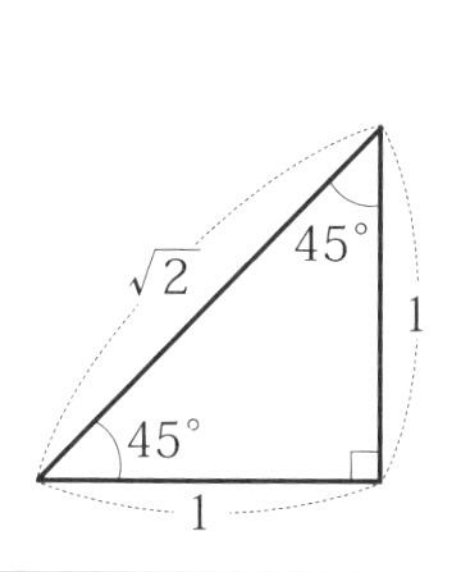

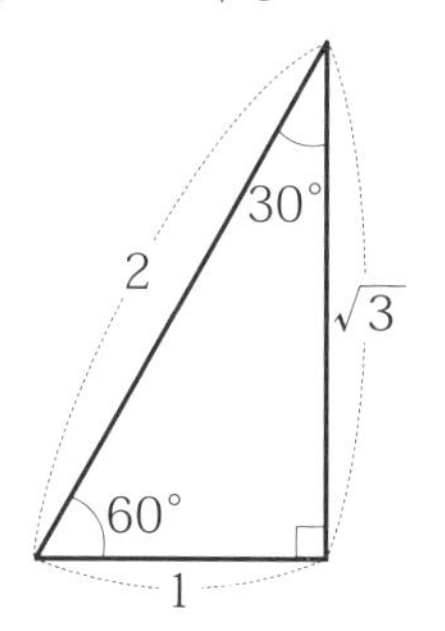

□（17） **この立体の表面積は何 cm^2 ですか。**

《空間図形》

この立体の展開図は図のようになります。点 A′，D′ を図のようにおきます。

辺 BA′の長さは，半径が 2cm，中心角が 300°のおうぎ形の弧の長さと等しいので，

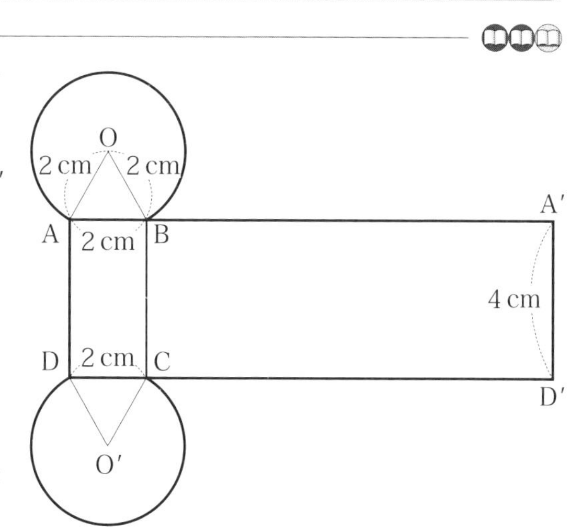

$$4\pi \times \boxed{\frac{300}{360}} = \boxed{\frac{10}{3}\pi} \text{ (cm)}$$

これより，長方形AA′D′Dの面積は，

$$4 \times \left(\boxed{2 + \frac{10}{3}\pi}\right) = \boxed{8 + \frac{40}{3}\pi} \text{ (cm}^2\text{)}$$

(16) から，底面積は $\frac{10}{3}\pi + \sqrt{3}$ (cm²)

よって，求める表面積は，

$$\boxed{8 + \frac{40}{3}\pi} + \left(\frac{10}{3}\pi + \sqrt{3}\right) \times 2$$

$$= \boxed{20\pi + 8 + 2\sqrt{3}} \text{ (cm}^2\text{)}$$

答 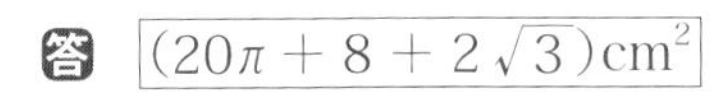
$(20\pi + 8 + 2\sqrt{3})\text{cm}^2$

□ **(18)　点Aから円柱の側面を通って点Cに至る最短距離は何cmですか。**

解説・解答　《空間図形》

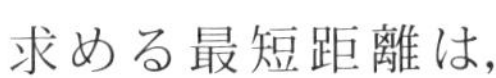
求める最短距離は，右の図の長方形BA′D′Cの対角線A′Cの長さと等しい。

(17) より，

BA′ $= \frac{10}{3}\pi$ なので，

△BA′Cで三平方の定理を用いて，

$$A'C^2 = BC^2 + BA'^2 = 4^2 + \left(\boxed{\frac{10}{3}\pi}\right)^2$$

$$A'C = \boxed{\sqrt{16 + \frac{100}{9}\pi^2}} \text{ (cm)}$$

答 $\sqrt{16 + \frac{100}{9}\pi^2}$ cm

三平方の定理

直角三角形の直角をはさむ2辺の長さを a，b とし，斜辺の長さを c とすると，次の関係が成り立ちます。

$$a^2 + b^2 = c^2$$

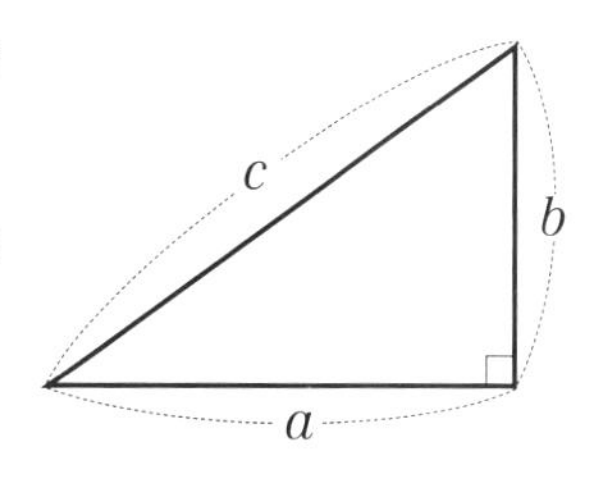

8 右の図のように，線分OA，OB と点P があります。このとき，次の問いに答えなさい。

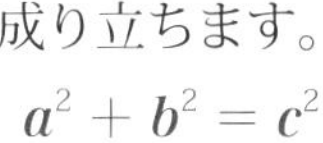

□（19）点P を通る直線と線分OA，OB との交点をそれぞれ点Q，R とするとき，OQ = OR となる点Q，R を，<注>にしたがって作図しなさい。（作図技能）

（＊<注>は省略）

《作図技能》

△OQR が二等辺三角形になるように，点P を通る直線QR を作図すれば，OQ = OR となります。「三角形の1つの角の二等分線が，向かい合う辺と垂直に交わるとき，この三角形は二等辺三角形になる」ことを利用して作図します。ポイント

次の手順で作図します。

① 点O を中心とする円弧をかき，線分OA，OB との交点をC，D とします。

② 点C，D をそれぞれ中心として，同じ半径の円弧をかき，その交点をE とします。

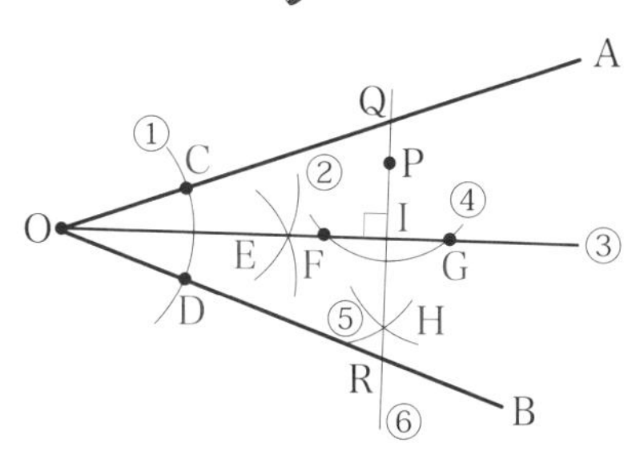

③　2点O，Eを通る直線をひきます。

④　点Pを中心とする円弧をかき，直線OEとの交点をF，Gとします。

⑤　点F，Gをそれぞれ中心として，同じ半径の円弧をかき，その交点をHとします。

⑥　2点H，Pを通る直線をひき，線分OA，OBとの交点をそれぞれQ，Rとします。

OQ = ORとなる点Q，Rをとると，△OQRは二等辺三角形になるね！

参考

前ページの図の△OIQと△OIRにおいて，

∠QOI =∠ROI（OIは∠QORの二等分線）

∠OIQ =∠OIR = 90°

OIは共通

したがって，　△OIQ ≡△OIR

よって，　OQ = OR

9　**xは有理数とします。次の問いに答えなさい。**

□（20）　**3つの数$\frac{21}{8}x$，$\frac{35}{12}x$，$\frac{49}{18}x$が，すべて自然数となるようなxのうち，もっとも小さいものを求めなさい。**　**（整理技能）**

《整数の性質》

自然数になるので，有理数xの分子はそれぞれ3つの数の分母の公倍数であることがわかります。そして，最小公倍数のときがもっとも小さくなります。

$$\begin{array}{r|rrr} 2 & 8 & 12 & 18 \\ \hline 2 & 4 & 6 & 9 \\ \hline 3 & 2 & 3 & 9 \\ \hline & 2 & 1 & 3 \end{array}$$

8，12，18 の最小公倍数は，

$2 \times 2 \times 3 \times 2 \times 1 \times 3 = \boxed{72}$

また，自然数になるので，有理数 x の分母はそれぞれ 3 つの数の分子の公約数であることがわかります。そして，最大公約数のときがもっとも小さくなります。

$$\begin{array}{r|rrr} 7 & 21 & 35 & 49 \\ \hline & 3 & 5 & 7 \end{array}$$

21，35，49 の最大公約数は $\boxed{7}$

よって，x のうちもっとも小さい有理数は，

$\boxed{\dfrac{72}{7}}$

実際に確かめてみると，

$\dfrac{\overset{\boxed{3}}{\cancel{21}}}{\cancel{8}} \times \dfrac{\overset{\boxed{9}}{\cancel{72}}}{\cancel{7}} = 27$

$\dfrac{\overset{\boxed{5}}{\cancel{35}}}{\cancel{12}} \times \dfrac{\overset{\boxed{6}}{\cancel{72}}}{\cancel{7}} = 30$

$\dfrac{\overset{\boxed{7}}{\cancel{49}}}{\cancel{18}} \times \dfrac{\overset{\boxed{4}}{\cancel{72}}}{\cancel{7}} = 28$

より，すべて自然数となります。

 $\boxed{\dfrac{72}{7}}$

第3回 1次 計算技能

1 次の計算をしなさい。

□ (1)　$-7+6-17+5$

解説・解答　《正負の数の加法・減法》

$-7+6-17+5$

$=-7\boxed{-}17\boxed{+}6+5$

$=-24\boxed{+}11$　　同符号どうしの数をまとめます。

$=\boxed{-13}$　……答

□ (2)　$-17-(-52)\div(-4)$

《正負の数の四則計算》

$-17-(-52)\div(-4)$

$=-17-(\boxed{+13})$　　除法を先に計算します。

$=-17\boxed{-13}$　　項を並べた式で表します。

$=\boxed{-30}$　……答

□ (3)　$(-2)^2+(-2)\times(-3^2)$

解説・解答　《累乗をふくむ計算》

$(-2)^2+(-2)\times(-3^2)$

$=\boxed{4}+(-2)\times(-9)$　　累乗を先に計算します。

$=\boxed{4}+18$　　乗法を計算します。

$=\boxed{22}$　……答

□ (4) $0.2^2-(-0.3)^2$

《小数をふくむ計算》 

$0.2^2-(-0.3)^2$

$=\boxed{0.04}-\boxed{0.09}$

$=\boxed{-0.05}$ …… 答

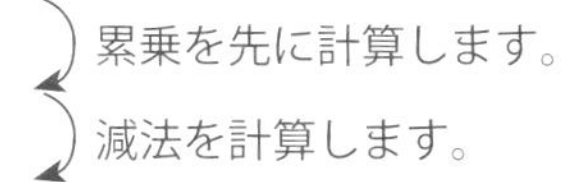
累乗を先に計算します。
減法を計算します。

重要

正負の数の四則計算

「かっこ→累乗→乗法・除法→加法・減法」の順に計算します。

① かっこがあるときは，かっこの中を先に計算します。

② 累乗があるときは，累乗を先に計算します。

③ 乗法や除法は，加法や減法より先に計算します。

例 $(-6)-(-2)\times3=(-6)-(-6)=0$

$(-3)^2+(-3^2)=9+(-9)=0$

□ (5) $\sqrt{2}(3\sqrt{6}-\sqrt{2})-2\sqrt{27}$

《平方根の計算》 

$\sqrt{2}(3\sqrt{6}-\sqrt{2})-2\sqrt{27}$

$=3\sqrt{12}-(\boxed{\sqrt{2}})^2-2\sqrt{27}$

$=3\sqrt{4\times3}-2-2\sqrt{\boxed{9}\times3}$ ←根号の中の平方数を見つけます。

$=3\sqrt{2^2\times3}-2-2\sqrt{\boxed{3^2}\times3}$

$=3\times2\sqrt{3}-2-2\times\boxed{3\sqrt{3}}$ ←根号の中を小さい数にします。

$=6\sqrt{3}-\boxed{2}-\boxed{6\sqrt{3}}$

$=\boxed{-2}$ …… 答

根号の中をできるだけ小さい数にして計算します。

平方根の変形

$a>0$, $b>0$ のとき,

$$\sqrt{a^2b}=a\sqrt{b}$$

例 $\sqrt{18}=\sqrt{3^2\times 2}=3\sqrt{2}$

平方根の加法・減法

$a>0$ のとき,

$$\ell\sqrt{a}+m\sqrt{a}=(\ell+m)\sqrt{a}$$

$$\ell\sqrt{a}-m\sqrt{a}=(\ell-m)\sqrt{a}$$

□ (6) $(\sqrt{2}+1)^2-\dfrac{10}{\sqrt{2}}$

《平方根の計算》

$$(\sqrt{2}+1)^2-\frac{10}{\sqrt{2}}$$

$$=(\boxed{\sqrt{2}})^2+2\times\boxed{\sqrt{2}}\times 1+1^2-\frac{10}{\sqrt{2}}$$

乗法公式 $(x+a)^2=x^2+2ax+a^2$ を用います。

$$=\boxed{2}+\boxed{2\sqrt{2}}+1-\frac{10\times\boxed{\sqrt{2}}}{\sqrt{2}\times\boxed{\sqrt{2}}}$$

分母を有理化します。

$$=3+2\sqrt{2}-\frac{\overset{\boxed{5}}{\cancel{10}}\sqrt{2}}{\underset{\boxed{1}}{\cancel{2}}}$$

←約分します。

$$=3+2\sqrt{2}-\boxed{5\sqrt{2}}$$

$$=\boxed{3-3\sqrt{2}}$$ …… 答

分母の有理化

分母に根号がふくまれない形にすることを，分母を有理化するといいます。

$$\frac{b}{\sqrt{a}}=\frac{b}{\sqrt{a}}\times\frac{\sqrt{a}}{\sqrt{a}}=\frac{b\sqrt{a}}{a}$$

□ (7)　$5(3x-4)-3(2x+5)$

解説・解答 《文字式の計算》

$5(3x-4)-3(2x+5)$
$=\boxed{15x}-20-\boxed{6x}-15$　分配法則でかっこをはずします。
$=\boxed{15x-6x}-20-15$　項を並べかえます。
$=\boxed{9x-35}$ …… 答　同類項をまとめます。

□ (8)　$1.2(x-0.3)-1.6(3x-0.2)$

《文字式の計算》 

$1.2(x-0.3)-1.6(3x-0.2)$
$=1.2x-\boxed{0.36}-\boxed{4.8x}+0.32$　分配法則でかっこをはずします。
$=1.2x-\boxed{4.8x}-\boxed{0.36}+0.32$　項を並べかえます。
$=\boxed{-3.6x-0.04}$ …… 答　同類項をまとめます。

□ (9)　$5(2x-y)-2(3x-6y)$

《文字式の計算》 

$5(2x-y)-2(3x-6y)$
$=10x-5y-\boxed{6x}+\boxed{12y}$　分配法則でかっこをはずします。
$=10x-\boxed{6x}-5y+\boxed{12y}$　項を並べかえます。
$=\boxed{4x+7y}$ …… 答　同類項をまとめます。

数と多項式の乗法，単項式と多項式の乗法

数と多項式，単項式と多項式の乗法は，分配法則を使って計算します。

同類項をまとめる

多項式は，同類項があれば，それをまとめて簡単にすることができます。

□ (10) $\dfrac{2x-y}{3}-\dfrac{x-y}{2}$

《分数式の計算》

$$\frac{2x-y}{3}-\frac{x-y}{2}$$
$$=\frac{2(2x-y)}{6}-\boxed{\frac{3(x-y)}{6}}$$
通分します。
$$=\frac{2(2x-y)\boxed{-3}(x-y)}{6}$$
$$=\frac{4x-2y\boxed{-3x}\boxed{+3y}}{6}$$
$$=\boxed{\frac{x+y}{6}}$$ ……答

同類項をまとめます。

分数式の計算

次の手順で計算します。

通分する → 1つの分数にまとめる

→ 分子のかっこをはずす → 同類項をまとめる

□ (11) $48x^3y^6\div(-6x^2y^3)$

《単項式の乗除》

$$48x^3y^6\div(-6x^2y^3)$$
$$=48x^3y^6\times\left(\boxed{-\frac{1}{6x^2y^3}}\right)$$
逆数をかけるかけ算にします。
$$=-\frac{\overset{\boxed{8}}{48}\overset{\boxed{1}}{x^3}\overset{\boxed{3}}{y^6}}{\underset{\boxed{1}}{6}x^2y^3}$$
$$=\boxed{-8xy^3}$$ ……答

$$-\frac{48x^3y^6}{6x^2y^3}=-\frac{\overset{8}{48}\overset{x}{xxx}\overset{y^3}{yyyyyy}}{\underset{1}{6}xxyyy}=-8xy^3$$

$48x^3y^6 \div (-6x^2y^3)$

$= -\dfrac{48x^3y^6}{6x^2y^3}$ ←約分します。

$= \boxed{-8xy^3}$ …… 答

□ (12) $\dfrac{5}{6}x^3y^2 \div \left(\dfrac{2}{3}xy^3\right)^2 \times \dfrac{16}{15}y^5$

《単項式の乗除》

$\dfrac{5}{6}x^3y^2 \div \left(\dfrac{2}{3}xy^3\right)^2 \times \dfrac{16}{15}y^5$

$= \dfrac{5x^3y^2}{6} \div \left(\dfrac{2xy^3}{3}\right)^2 \times \dfrac{16y^5}{15}$

$= \dfrac{5x^3y^2}{6} \div \boxed{\dfrac{4x^2y^6}{9}} \times \dfrac{16y^5}{15}$

$= \dfrac{5x^3y^2}{6} \times \boxed{\dfrac{9}{4x^2y^6}} \times \dfrac{16y^5}{15}$

$= \dfrac{5 \times 9 \times 16 \times x^3y^7}{6 \times 4 \times 15 \times x^2y^6} = \boxed{2xy}$ …… 答

$\left(\dfrac{2xy^3}{3}\right)^2 = \dfrac{2xy^3}{3} \times \dfrac{2xy^3}{3}$

$= \dfrac{2 \times xyyy \times 2 \times xyyy}{3 \times 3}$

$= \dfrac{4x^2y^6}{9}$

逆数をかけるかけ算の式にします。

参考

m, n を正の整数とすると，

$a^ma^n = \underbrace{aa\cdots a}_{m\text{個}} \cdot \underbrace{aa\cdots a}_{n\text{個}} = a^{m+n}$

$\dfrac{a^m}{a^n} = \dfrac{\overbrace{aaa\cdots aa}^{m\text{個}}}{\underbrace{aa\cdots a}_{n\text{個}}} = a^{m-n}$

$(a^m)^n = \overbrace{\underbrace{aa\cdots a}_{m\text{個}} \cdot \underbrace{aa\cdots a}_{m\text{個}} \cdot \cdots \cdot \underbrace{aa\cdots a}_{m\text{個}}}^{(m\times n)\text{個}} = a^{mn}$

$(ab)^n = a^nb^n$

分数をふくむ単項式の乗除

上の計算のように，わる式の逆数をかける乗法だけの式になおして計算します。

2 次の式を展開して計算しなさい。

□ (13)　$(2x-y)(x+3y)$

《多項式の計算》

$(2x-y)(x+3y)$

分配法則を用います。

$=\boxed{2x^2}+\boxed{6xy}-\boxed{xy}-\boxed{3y^2}$

$=\boxed{2x^2+5xy-3y^2}$　……答

□ (14)　$(4x-1)(4x+3)-(4x-3)^2$

《多項式の計算》

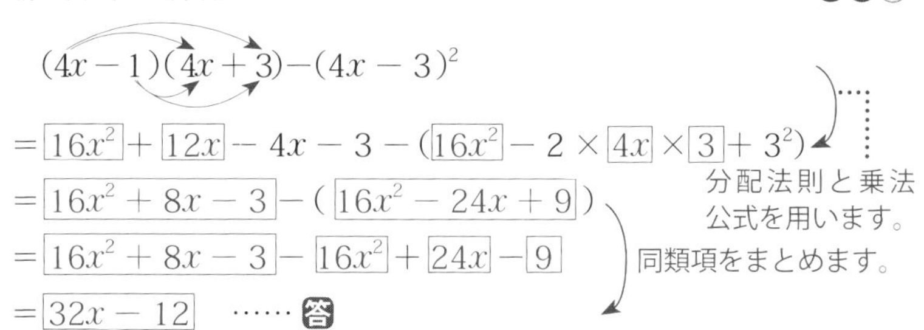

$(4x-1)(4x+3)-(4x-3)^2$

$=\boxed{16x^2}+\boxed{12x}-4x-3-(\boxed{16x^2}-2\times\boxed{4x}\times\boxed{3}+3^2)$

分配法則と乗法公式を用います。

$=\boxed{16x^2+8x-3}-(\boxed{16x^2-24x+9})$

$=\boxed{16x^2+8x-3}-\boxed{16x^2}+\boxed{24x}-\boxed{9}$

同類項をまとめます。

$=\boxed{32x-12}$　……答

乗法の公式は107ページの「重要」にまとめてありますよ。

多項式の乗法

単項式や多項式の積の形で表された式を計算して1つの多項式に表すことを，もとの式を展開するといいます。

$$(a+b)(c+d)=ac+ad+bc+bd$$

3 次の式を因数分解しなさい。

□ (15) $x^2 - 10x + 16$

《因数分解》

$x^2 \underline{- 10}x + \underline{16}$

$= x^2 + \{(\boxed{-2}) + (\boxed{-8})\}x + (\boxed{-2}) \times (\boxed{-8})$

$= \{x + (\boxed{-2})\}\{x + (\boxed{-8})\}$

$= \boxed{(x-2)(x-8)}$ …… 答

ポイント
積が16になる2つの数の組の中から，和が−10になる数を見つけます。

参考
積が正の数だから，2つの数は同符号になります。

積が16	和が−10
−1と−16	×
−2と−8	−10
−4と−4	×

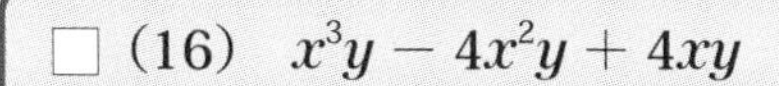

□ (16) $x^3y - 4x^2y + 4xy$

《因数分解》

$x^3y - 4x^2y + 4xy$

$= \boxed{xy}(\boxed{x^2 - 4x + 4})$　まず共通因数 xy でくくります。

$= \boxed{xy}(x^2 - \boxed{2 \times 2 \times x} + 2^2)$　かっこの中を因数分解します。

$= \boxed{xy(x-2)^2}$ …… 答

重要

因数分解の公式

① $x^2 + (a+b)x + ab = (x+a)(x+b)$

② $x^2 + 2ax + a^2 = (x+a)^2$

③ $x^2 - 2ax + a^2 = (x-a)^2$

④ $x^2 - a^2 = (x+a)(x-a)$

4 次の方程式を解きなさい。

□ (17)　$6x - 7 = 2x + 17$

《1 次方程式》

$6x - 7 = 2x + 17$

$2x$，-7 を移項すると，

$6x - \boxed{2x} = 17 + \boxed{7}$

$\boxed{4x} = \boxed{24}$

$x = \boxed{6}$

符号を変えて，他方の辺に移します。

両辺を 4 でわります。

 $\boxed{x = 6}$

□ (18)　$1.2x + 1 = 0.5x - 1.1$

《1 次方程式》 

$1.2x + 1 = 0.5x - 1.1$

両辺に 10 をかけると，

$\boxed{12x} + 10 = \boxed{5x} - 11$

x の係数を整数になおします。

$5x$，10 を移項すると，

$12x - \boxed{5x} = -11 - \boxed{10}$

$\boxed{7x} = \boxed{-21}$

$x = \boxed{-3}$

 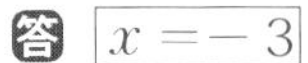
$\boxed{x = -3}$

1 次方程式の解き方

① 係数に小数や分数があるときは，両辺に適当な数をかけて，係数を整数にします。かっこがあればはずします。

② 移項して，文字がある項どうし，数の項どうしを集めます。

③ 両辺を整理して $ax = b$ の形にします。

④ 両辺を x の係数でわります。

□ (19)　$2x^2 - 25 = 0$

《2次方程式》

$$2x^2 - 25 = 0$$

-25 を移行すると，

$$2x^2 = \boxed{25}$$

$$x^2 = \boxed{\frac{25}{2}}$$

両辺を2でわり，$x^2 = a$ の形にします。

$$x = \boxed{\pm\sqrt{\frac{25}{2}}}$$

平方根を求めます。このとき，±を忘れないように。

$$x = \pm\frac{\boxed{\sqrt{25}}}{\sqrt{2}}$$

$$x = \pm\frac{\boxed{5}}{\sqrt{2}}$$

分母に根号がふくまれているので有理化します。

$$x = \pm\frac{5\times\boxed{\sqrt{2}}}{\sqrt{2}\times\boxed{\sqrt{2}}}$$

$$x = \pm\boxed{\frac{5\sqrt{2}}{2}}$$

平方根を求めるとき，±を忘れないようにしましょう。

答　$x = \boxed{\pm\frac{5\sqrt{2}}{2}}$

2次方程式

（2次式）＝0の形に変形できる方程式を2次方程式といいます。

2次方程式の解き方

2次方程式 $ax^2 + bx + c = 0$ の解は，左辺が因数分解できるときは，次のことがらを使って解くことができます。

$AB = 0$　**ならば**　$A = 0$　**または** $B = 0$

また，$ax^2 + c = 0$ の形の方程式は，上の解答のように，$x^2 =$○の形に変形して解くことができます。

問題◀◁p.37

□ (20)　$x^2+6x+7=0$

《2 次方程式》

$$x^2+6x+7=0$$

解の公式を用いると，

解の公式に $a=1, b=6, c=7$ を代入します。

$$x=\frac{\boxed{-6}\pm\sqrt{6^2-4\times\boxed{1}\times\boxed{7}}}{2\times1}$$

$$x=\frac{-6\pm\boxed{\sqrt{8}}}{2}$$

$$x=\frac{\overset{\boxed{3}}{\cancel{-6}}\pm\overset{\boxed{1}}{\cancel{2}}\sqrt{2}}{\underset{\boxed{1}}{\cancel{2}}}$$

約分します。

$$x=\boxed{-3\pm\sqrt{2}}$$

左辺が因数分解できないときは，解の公式を使いましょう。

答　$x=\boxed{-3\pm\sqrt{2}}$

2 次方程式の解の公式

2 次方程式 $ax^2+bx+c=0$ の解は，

$$x=\frac{-b\pm\sqrt{b^2-4ac}}{2a}$$

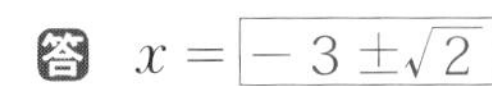

5　次の連立方程式を解きなさい。

□ (21)　$\begin{cases}2x+3y=-1\\3x-2y=5\end{cases}$

《連立方程式》

$$\begin{cases}2x+3y=-1 & \cdots\cdots①\\3x-2y=5 & \cdots\cdots②\end{cases}$$

①× 3　　$6x+9y=-3$

②× 2　$-)$ $6x-4y=10$

$$\boxed{13y}=\boxed{-13}$$

$$y=\boxed{-1}$$

ポイント
加減法で，x を消去します。

$y=\boxed{-1}$を①へ代入すると，

$$2x+3\times(\boxed{-1})=-1$$
$$2x=-1+\boxed{3}$$
$$2x=\boxed{2}$$
$$x=\boxed{1}$$

答　$x=\boxed{1}$，$y=\boxed{-1}$

加減法と代入法のどちらか解きやすい方法で解きましょう。

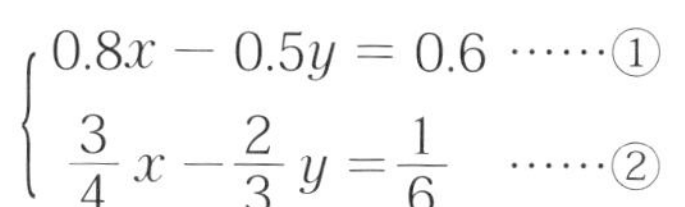
□ (22) $\begin{cases} 0.8x-0.5y=0.6 \\ \frac{3}{4}x-\frac{2}{3}y=\frac{1}{6} \end{cases}$

解説・解答　《連立方程式》

$$\begin{cases} 0.8x-0.5y=0.6 & \cdots\cdots① \\ \frac{3}{4}x-\frac{2}{3}y=\frac{1}{6} & \cdots\cdots② \end{cases}$$

①× 10 より，

$$\boxed{8x-5y}=6 \quad \cdots\cdots③$$

②× 12 より，

$$\boxed{9x-8y}=2 \quad \cdots\cdots④$$

ポイント
①には両辺に 10 をかけ，②には 4 と 3 と 6 の最小公倍数の 12 をかけて，x，y の係数を整数になおします。

③× 9　　$72x-45y=54$

④× 8　$-)$ $72x-64y=16$

$$\boxed{19y}=\boxed{38}$$
$$y=\boxed{2}$$

ポイント
加減法で，x を消去します。

$y=\boxed{2}$を③に代入すると，

$$8x-5\times\boxed{2}=6$$
$$8x=\boxed{16}$$
$$x=\boxed{2}$$

答　$x=\boxed{2}$，$y=\boxed{2}$

係数に分数や小数がある連立方程式の解き方

x，y の係数が小数や分数のときは，まず方程式の両辺に適当な数をかけて，x，y の係数を整数になおします。

かっこをふくむ連立方程式の解き方

かっこをはずして整理してから解きます。

6 次の問いに答えなさい。

□ (23) $a = 3$，$b = -2$ のとき，$3a - 2b^2$ の値を求めなさい。

《式の値》

$a = 3$，$b = -2$ を，$3a - 2b^2$ に代入すると，

$3 \times 3 - 2 \times (-2)^2$

$= 9 - 8$

$=$ 1 ……答

ポイント　負の数は，かっこをつけて代入します。

式の値

式の中の文字を数に置き換えることを**代入する**といい，代入して計算した結果を**式の値**といいます。

□ (24) 10円玉1枚と100円玉1枚を同時に投げるとき，1枚が表，1枚が裏になる確率を求めなさい。

《確率》

右のような表をつくって調べます。

表裏の出方は全部で 4 通りあります。

10円玉	表	表○	裏○	裏
100円玉	表	裏	表	裏

1枚が表，1枚が裏になるのは表の上の○印の場合で2通りで

す。

したがって，求める確率は，

$$\frac{2}{4}=\boxed{\frac{1}{2}}$$

確率の求め方

起こりうるすべての場合が n 通りあり，そのどれが起こることも同様に確からしいとします。このとき，あることがら A が起こる場合が a 通りあるとすると，

A が起こる確率 p は，$p=\dfrac{a}{n}$

□ **(25)** $\dfrac{1}{\sqrt{8}}$，$\dfrac{2}{\sqrt{9}}$，$\dfrac{3}{\sqrt{10}}$ **のうちもっとも大きい数を求め，分母を有理化して答えなさい。**

《平方根の大小》

平方根の大小は，2乗して根号のない式になおして比べることができます。

$$\left(\frac{1}{\sqrt{8}}\right)^2=\frac{1}{8},\ \left(\frac{2}{\sqrt{9}}\right)^2=\frac{4}{9},\ \left(\frac{3}{\sqrt{10}}\right)^2=\boxed{\frac{9}{10}}$$

ここで，$\dfrac{1}{8}=\dfrac{45}{360}$，$\dfrac{4}{9}=\dfrac{160}{360}$，$\dfrac{9}{10}=\boxed{\dfrac{324}{360}}$

ですから，　$\dfrac{1}{8}<\dfrac{4}{9}<\boxed{\dfrac{9}{10}}$

したがって，$\left(\dfrac{1}{\sqrt{8}}\right)^2<\left(\dfrac{2}{\sqrt{9}}\right)^2<\left(\boxed{\dfrac{3}{\sqrt{10}}}\right)^2$

よって，　$\dfrac{1}{\sqrt{8}}<\dfrac{2}{\sqrt{9}}<\boxed{\dfrac{3}{\sqrt{10}}}$

もっとも大きい数は，$\dfrac{3}{\sqrt{10}}=\dfrac{3\times\sqrt{10}}{\sqrt{10}\times\sqrt{10}}=\boxed{\dfrac{3\sqrt{10}}{10}}$

 $\boxed{\dfrac{3\sqrt{10}}{10}}$

平方根の大小

$a>0$，$b>0$ のとき，

$$\boldsymbol{a>b} \text{ ならば，} \sqrt{\boldsymbol{a}}>\sqrt{\boldsymbol{b}}$$

例　$3>2$ ならば，$\sqrt{3}>\sqrt{2}$

□ **(26)　y は x に反比例し，$y=3$ のとき $x=-4$ です。$x=2$ のときの y の値を求めなさい。**

《比例・反比例》

y が x に反比例するとき，$y=\dfrac{a}{x}$（a は比例定数）と表すことができます。

$y=3$ のとき $x=-4$ ですから，

$$\boxed{3}=\frac{a}{-4}$$

したがって，　$a=\boxed{3}\times(-4)=\boxed{-12}$

反比例の式は，　$y=-\dfrac{12}{x}$

この式に，$x=2$ を代入すると，

$$y=-\frac{12}{2}=\boxed{-6}$$

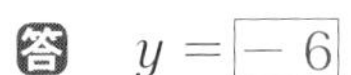

答　$y=\boxed{-6}$

□ **(27)　y は x の2乗に比例し，$x=\sqrt{2}$ のとき $y=4$ です。$x=2$ のとき y の値を求めなさい。**

《2乗に比例する関数》

y が x の2乗に比例するとき，$y=ax^2$（a は比例定数）と表すことができます。

$x=\sqrt{2}$ のとき $y=4$ ですから，

$$\boxed{4}=a\ (\sqrt{2})^2$$

したがって，$a=\dfrac{\boxed{4}}{(\sqrt{2})^2}=\dfrac{\boxed{4}}{2}=\boxed{2}$

式は，　$y=2x^2$

この式に，　$x=2$ を代入すると，

$$y=2\cdot 2^2=\boxed{8}$$

x の 2 乗に比例する関数ですから，まず求める式を $y=ax^2$ とおきます。

答　$y=\boxed{8}$

反比例

y が x の関数で，次の式で表されるとき，y は x に**反比例する** といいます。

$$y=\frac{a}{x}\ (a\text{ は比例定数})$$

2 乗に比例する関数

y が x の関数で，

$$y=ax^2\ (a\text{ は比例定数})$$

という式で表されるとき，y は x の **2 乗に比例する** といいます。

□ (28)　正十二角形の 1 つの外角の大きさを求めなさい。

《平面図形》

多角形の外角の和は $\boxed{360°}$ です。正十二角形の 12 個の内角はすべて等しいので，外角もすべて等しくなっています。

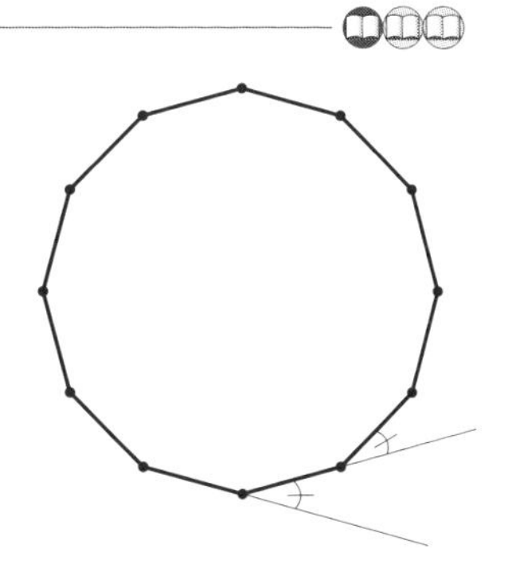

したがって，

$\boxed{360°}\div 12=\boxed{30°}$

$\boxed{30}$ 度

多角形の外角の和

多角形の外角の和は 360° です。

正 n 角形の 1 つの外角の大きさは，$\dfrac{360°}{n}$

□ **(29)　右の図において，x の値を求めなさい。**

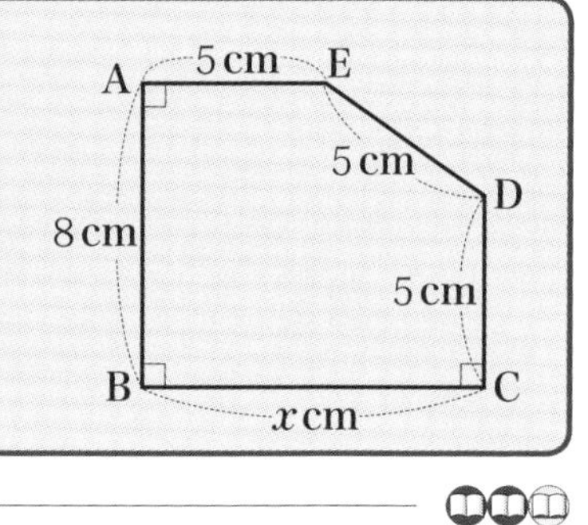

《平面図形》

右の図のように，辺 AE と辺 CD を延長したときの交点を F とします。四角形 ABCF は長方形であり，対辺の長さは等しいので，

A　5 cm　E　F　5 cm　D　8 cm　5 cm　B　C　x cm

AB ＝ FC から，

$\boxed{8} = 5 + \mathrm{FD}$，$\mathrm{FD} = \boxed{3}$

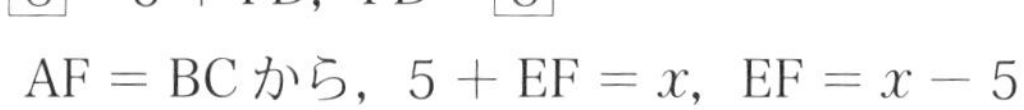

AF ＝ BC から，$5 + \mathrm{EF} = x$，$\mathrm{EF} = x - 5$

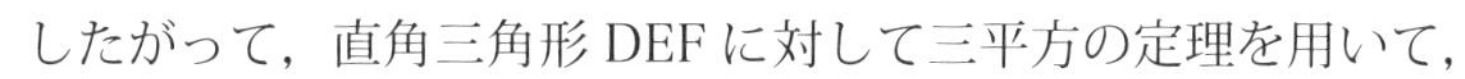

したがって，直角三角形 DEF に対して三平方の定理を用いて，

$$\mathrm{EF}^2 + \mathrm{FD}^2 = \mathrm{ED}^2$$

$$(x-5)^2 + \boxed{3^2} = 5^2$$

$$(x-5)^2 = \boxed{16}$$

$x - 5$ は正の数なので，

$$x - 5 = \boxed{4}$$

$$x = \boxed{9}$$

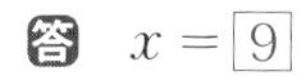

答　$x = \boxed{9}$

三平方の定理

直角三角形の直角をはさむ2辺の長さをa，bとし，斜辺の長さをcとすると，次の関係が成り立ちます。

$$a^2 + b^2 = c^2$$

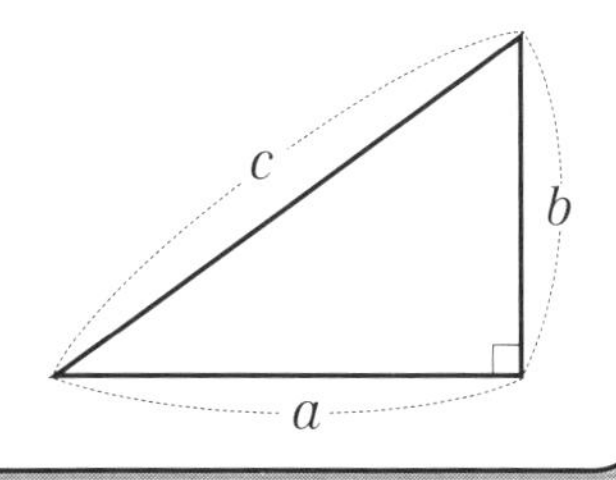

□ **(30)　右の図において，点Oは円の中心です。このとき，∠xの大きさを求めなさい。**

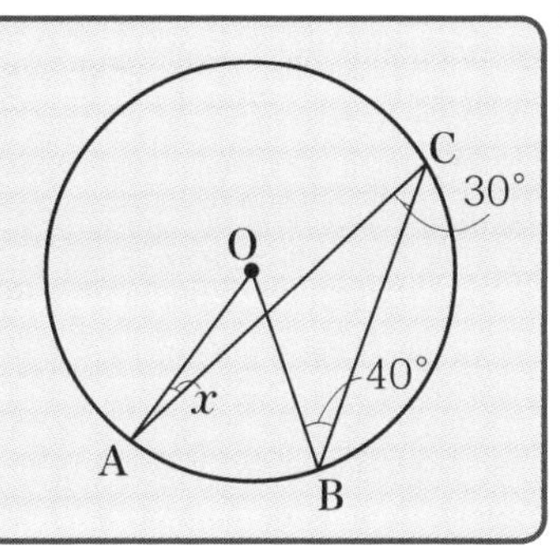

《平面図形》

右の図のように，線分OBと線分ACの交点をDとします。

$\overset{\frown}{AB}$の円周角は∠ACB＝30°なので，中心角は∠AOB＝60°

つまり∠AOD＝60°……①

△BCDの内角の和は180°なので，

∠BDC＋40°＋30°＝180°

∠BDC＝110°

対頂角は等しいので，

∠ODA＝∠BDC＝110°……②

したがって，①，②より，△OADの内角の和は180°なので，

x＋60°＋110°＝180°

x＝10°

　10度

円周角の定理

① 同じ弧に対する円周角の大きさは，その弧に対する中心角の大きさの$\frac{1}{2}$です。

② 同じ弧に対する円周角の大きさはすべて等しい。

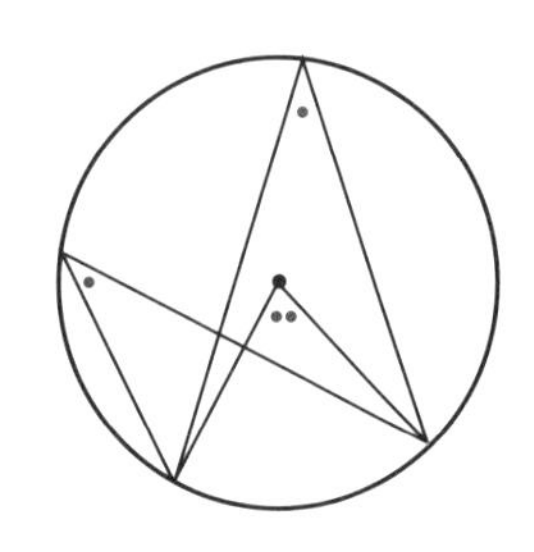

三角形の内角と外角

三角形の外角は，それと隣り合わない２つの内角の和に等しい。

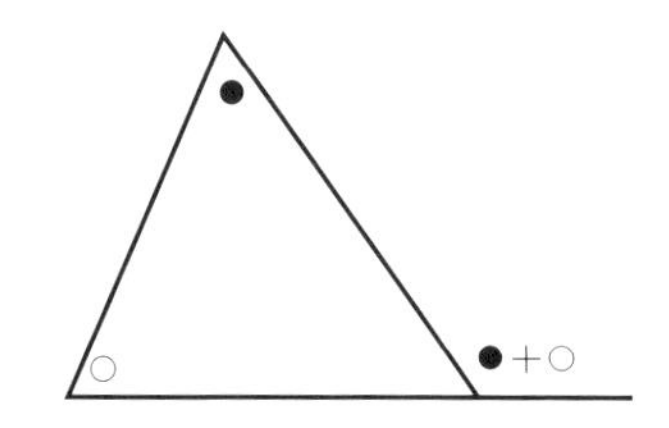

第3回 2次 数理技能

1 A，B，C，Dの4人の小テストの平均点が8点でした。AはCよりも2点低く，DはCよりも1点高く，4人のうち2人は同じ点だったとき，次の問いに答えなさい。ただし，得点は整数とします。 （整理技能）

□（1） 4人の得点の合計は何点ですか。

《平均》 

平均＝合計÷人数 ですから，合計＝平均×人数 で，

$$\boxed{8}\times\boxed{4}=\boxed{32}$$

答 $\boxed{32}$ 点

□（2） DはAよりも何点高いですか。

《整数》 

A，B，C，Dの得点をそれぞれ a，b，c，d とすると，

$$a=c-\boxed{2},\ d=c+\boxed{1}$$

したがって，

$$d-a=(\boxed{c+1})-(\boxed{c-2})$$
$$=\boxed{3}$$

答 $\boxed{3}$ 点

□（3） Dは何点でしたか。

《整数》 

（1），（2）から，

$$a+b+c+d=(\boxed{c-2})+b+c+(\boxed{c+1})=32$$
$$\boxed{b+3c}=33 \quad \cdots\cdots①$$

A，C，Dは，どれも点数がちがうから，同じ点数の2人は，

Bをふくむ（AとB），（CとB），（DとB）のいずれかです。

（AとBが同じ場合）

$b = a = c - 2$ ですから，bを①に代入すると，

$$(\boxed{c-2}) + \boxed{3c} = 33$$

$$\boxed{4c} = 35$$

このような整数cは存在しません。

（CとBが同じ場合）

$b = c$ ですから，bを①に代入すると，

$$\boxed{c+3c} = 33$$

$$\boxed{4c} = 33$$

このような整数cは存在しません。

（DとBが同じ場合）

$b = d = c + 1$ ですから，bを①に代入すると，

$$(\boxed{c+1}) + \boxed{3c} = 33$$

$$\boxed{4c} = 32$$

$$c = \boxed{8}$$

したがって，

$$d = c + 1 = \boxed{8} + 1 = \boxed{9}$$

答 $\boxed{9}$点

だれがBと同じ得点だったか，場合分けをして調べます。

平均，合計，人数

平均＝合計÷人数

合計＝平均×人数

2 右の図のような1辺の長さが6cmの立方体があります。この立方体を頂点A，C，Fを通る平面で切るとき，次の問いに単位をつけて答えなさい。

（測定技能）

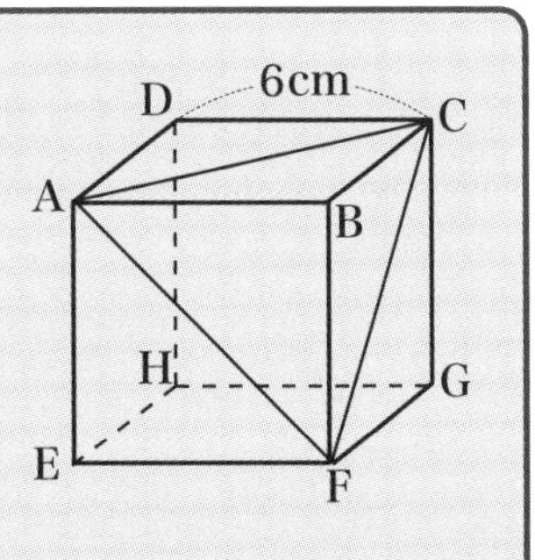

□ (4)　切り口の△ACFの面積を求めなさい。

《立体》

△ABCは，直角二等辺三角形ですから，

$$CA : AB = \sqrt{2} : 1$$

AB = 6cmですから，　$CA : 6 = \sqrt{2} : 1$

したがって，　$CA = \boxed{6\sqrt{2}}$ cm

同様に，　$AF = FC = \boxed{6\sqrt{2}}$ cm

よって，△ACFは1辺が$6\sqrt{2}$ cmの正三角形になります。

下の図のように，△ACFにおいて，AFの中点をMとすると，△CAMは60°の角をふくむ直角三角形ですから，

$$CA : CM = 2 : \sqrt{3}$$

$CA = 6\sqrt{2}$ cmより，

$$6\sqrt{2} : CM = 2 : \sqrt{3}$$

$$2CM = 6\sqrt{6}$$

$$CM = \boxed{3\sqrt{6}} \text{ cm}$$

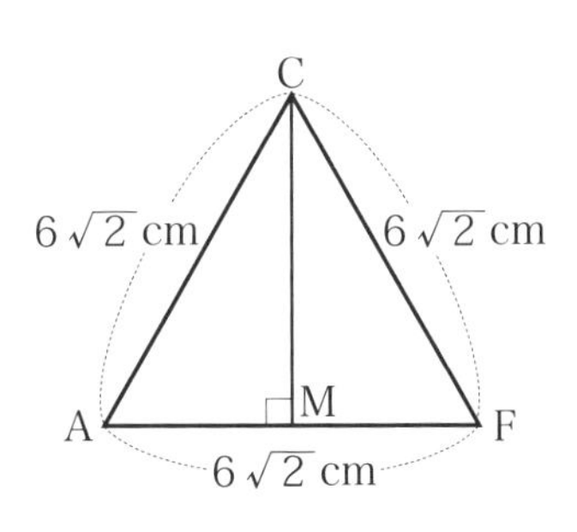

よって，

$$\triangle ACF = \frac{1}{2} \times \boxed{6\sqrt{2}} \times \boxed{3\sqrt{6}}$$

$$= \boxed{18\sqrt{3}} \ (cm^2)$$

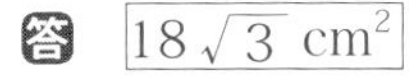

答 $18\sqrt{3}$ cm²

ワンポイント・アドバイス

必要な部分を取り出して，図にかいて考えましょう。

□ (5)　平面 ACF で切り取られる四面体 ABCF の体積を求めなさい。

《立体》

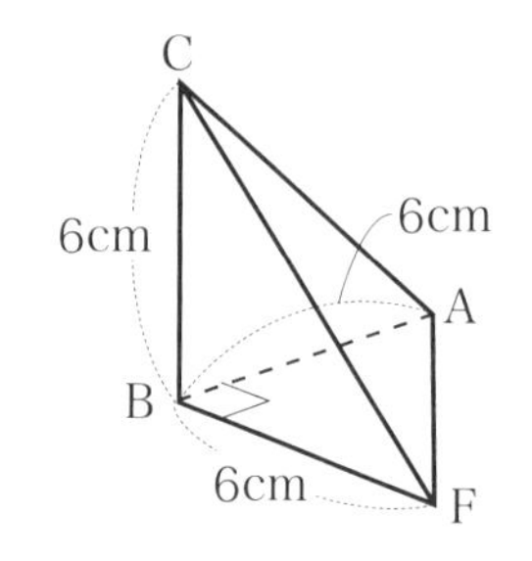

△ ABF を底面と考えると，底面積は，

$$\triangle \mathrm{ABF} = \frac{1}{2} \times 6 \times 6 = \boxed{18}\ (\mathrm{cm}^2)$$

高さは辺 BC の長さで，　BC ＝ $\boxed{6}$ cm

したがって，四面体 ABCF の体積は，

$$\frac{1}{3} \times \boxed{18} \times \boxed{6} = \boxed{36}\ (\mathrm{cm}^3)$$

特別な直角三角形の辺の比

直角二等辺三角形と，60°の角をもつ直角三角形の辺の比はそれぞれ，1：1：$\sqrt{2}$，1：2：$\sqrt{3}$

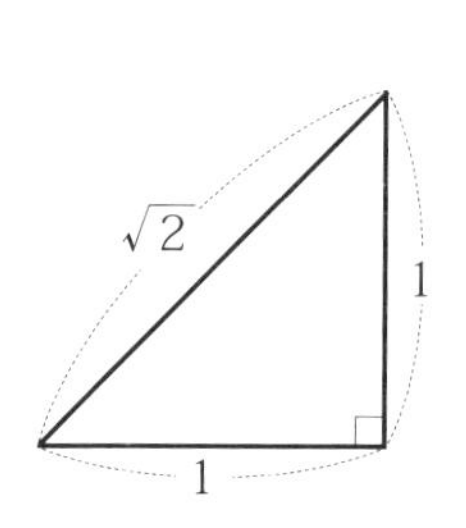

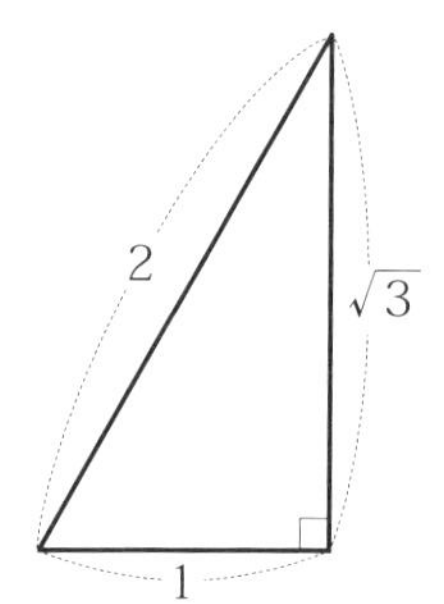

角錐・円錐の体積

$$\text{角錐の体積} = \frac{1}{3} \times \text{底面積} \times \text{高さ}$$

$$\text{円錐の体積} = \frac{1}{3} \times \text{底面積} \times \text{高さ}$$

3 A君の先月の食費は，収入から住居費5万円をひいた金額の28%でした。今月は，先月に比べて収入が10%，住居費が5%増加し，食費は3400円減少しました。その結果，今月の食費は収入から住居費をひいた金額の24%になりました。

A君の先月の収入を x 万円，食費を y 万円として，次の問いに答えなさい。

□(6) x, y を求めるための連立方程式をつくりなさい。（表現技能）

《連立方程式》

先月の食費 y 万円は，収入 x 万円から住居費5万円をひいた金額の28%ですから，

$$y=(\boxed{x-5})\times\frac{28}{100} \quad \cdots\cdots①$$

（y：先月の食費，$(x-5)\times\frac{28}{100}$：先月の収入から住居費5万円をひいた金額の28%）

また，

今月の収入は，$x\times\frac{110}{100}=\boxed{\frac{11}{10}}x$（万円）←先月より10%増加。

今月の住居費は，$5\times\frac{105}{100}=\boxed{\frac{21}{4}}$（万円）←先月より5%増加。

今月の食費は，$y-\frac{3400}{10000}=y-\boxed{\frac{17}{50}}$（万円）←先月より3400円減少。

今月の食費は，収入から住居費をひいた金額の24%ですから，

$$y-\boxed{\frac{17}{50}}=\left(\frac{11}{10}x-\frac{21}{4}\right)\times\frac{24}{100} \quad \cdots\cdots②$$

（$y-\frac{17}{50}$：今月の食費，$\left(\frac{11}{10}x-\frac{21}{4}\right)\times\frac{24}{100}$：今月の収入から住居費をひいた金額の24%）

このように，式を整理して表しても正解です。

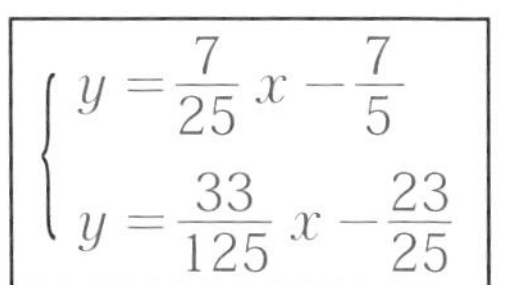

$$\begin{cases} y=\frac{7}{25}x-\frac{7}{5} \\ y=\frac{33}{125}x-\frac{23}{25} \end{cases}$$

答
$$\begin{cases} y=(x-5)\times\frac{28}{100} \\ y-\frac{17}{50}=\left(\frac{11}{10}x-\frac{21}{4}\right)\times\frac{24}{100} \end{cases}$$

問題◀◀ p.40～p.41

□（7）　A君の今月の収入を求め，単位をつけて答えなさい。

《連立方程式》 

（6）の連立方程式を解きます。

$$\begin{cases} y=(x-5)\times\dfrac{28}{100} & \cdots\cdots① \\ y-\dfrac{17}{50}=\left(\dfrac{11}{10}x-\dfrac{21}{4}\right)\times\dfrac{24}{100} & \cdots\cdots② \end{cases}$$

①から，

$$y=\boxed{\frac{7}{25}}x-\frac{7}{5} \quad \cdots\cdots③$$

②から，

$$y=\boxed{\frac{33}{125}}x-\frac{23}{25} \quad \cdots\cdots④$$

③，④から，

$$\frac{7}{25}x-\frac{7}{5}=\boxed{\frac{33}{125}x-\frac{23}{25}}$$

両辺に125をかけると，

$$35x-\boxed{175}=33x-\boxed{115}$$

$$2x=\boxed{60}$$

$$x=\boxed{30}$$

（6）より，今月の収入は$\dfrac{11}{10}x$万円ですから，

$$\frac{11}{10}x=\frac{11}{10}\times\boxed{30}=\boxed{33}\text{（万円）}$$

連立方程式を解いたら，解が問題に適しているかどうか確かめておきましょう。

 33万円

参考

y万円は先月の食費です。$x=30$を③に代入すると，

$$y=\frac{7}{25}\times 30-\frac{7}{5}=7\text{（万円）}$$

連立方程式の応用

次の手順で解くことができます。

① どの数量を文字で表すかを決めます。

② 等しい関係にある数量を見つけて連立方程式をつくります。

③ 連立方程式を解きます。

④ 連立方程式の解が問題に適しているかどうか確かめます。

4 右の図のように，正方形 ABCD の辺 BC，CD 上に∠ BAE ＝∠ CBF となるように順に点 E，F をとります。このとき，次の問いに答えなさい。（証明技能）

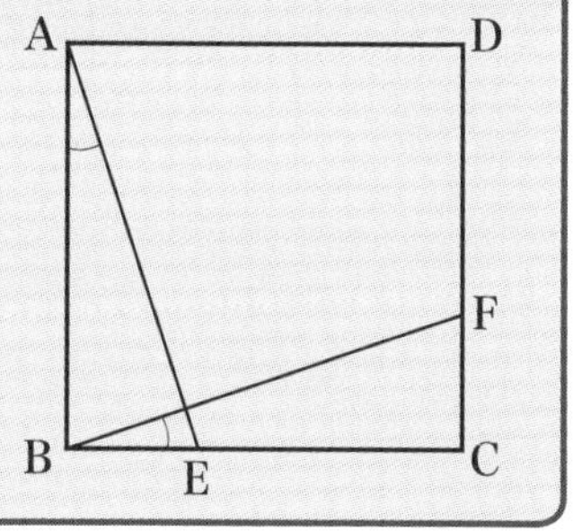

□（8） AE ＝ BF であることを証明するには，どの三角形とどの三角形が合同であることを示せばよいですか。

《図形の合同》

辺 AE と辺 BF をふくむ三角形に着目します。

AE ＝ BF を証明するには，辺 AE と辺 BF をふくむ△ ABE と△ BCF が合同であることを示します。

答 △ ABE と△ BCF

□（9） 上の（8）で答えた 2 つの三角形が合同であることを示すときに用いる合同条件を言葉で答えなさい。

《図形の合同》 

△ABEと△BCFにおいて，四角形ABCDが正方形ですから，

AB＝BC ……①

∠ABE＝∠BCF ……②

条件から，

∠BAE＝∠CBF ……③

①，②，③より，1組の辺とその両端の角がそれぞれ等しいから，

△ABE≡△BCF

答 1組の辺とその両端の角がそれぞれ等しい

三角形の3つの合同条件は，言葉でも正確にいえるようにおぼえておきましょう。

三角形の合同条件

2つの三角形は，次のどれかが成り立つとき合同であるといいます。

① 3組の辺がそれぞれ等しい。

② 2組の辺とその間の角がそれぞれ等しい。

③ 1組の辺とその両端の角がそれぞれ等しい。

□（10） EC＝FDとなることを証明しなさい。

《平面図形》 

（9）より，

△ABE≡△BCF

であるから，

BE＝CF ……①

正方形 ABCD の各辺は等しいから,

$$\mathrm{BC} = \boxed{\mathrm{CD}} \quad \cdots\cdots②$$

ところで,

$$\mathrm{EC} = \mathrm{BC} - \boxed{\mathrm{BE}}$$

$$\boxed{\mathrm{FD}} = \mathrm{CD} - \boxed{\mathrm{CF}}$$

①, ②から,

$$\mathrm{EC} = \boxed{\mathrm{FD}}$$

5 右の図のように,関数 $y = x^2$ のグラフ上に, OA = OB となるように 2 点 A, B をとって, A の x 座標を a とします。このとき, 次の問いに答えなさい。

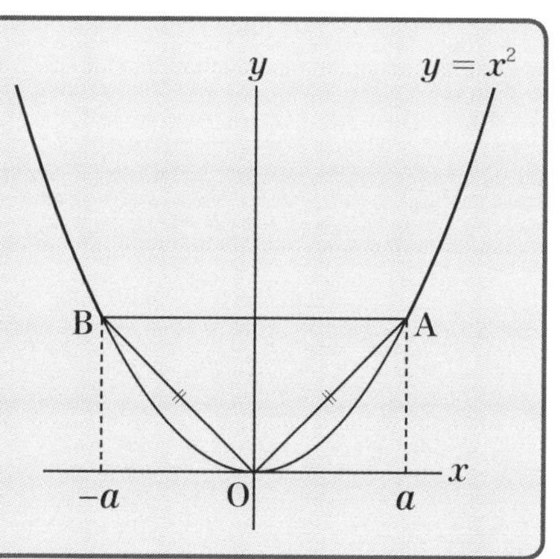

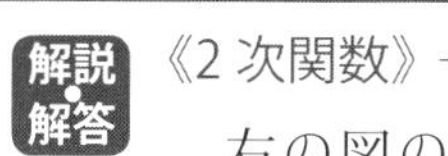

□ (11) ∠AOB = 90°のとき, a の値を求めなさい。

解説・解答 《2 次関数》

右の図のように線分 AB と y 軸の交点を M とします。∠AOB = 90°のとき, △OAB は OA = OB の直角二等辺三角形であり, M は辺 AB の中点なので, △OMA も MO = MA の直角二等辺三角形となります。

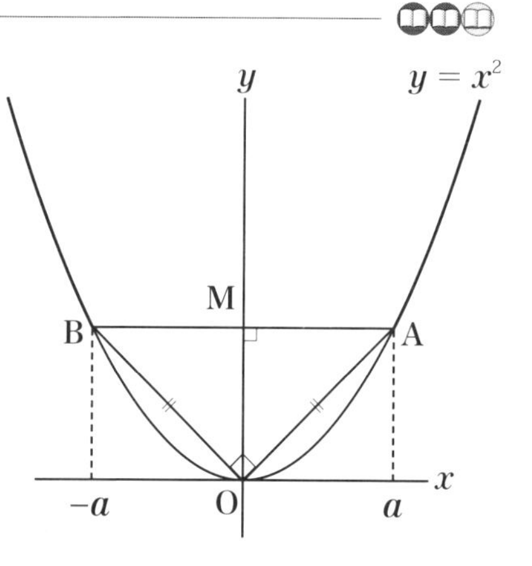

MA の長さは A の x 座標と等しいので $\boxed{a}$。

MO の長さは A の y 座標と等しい。

Aは$y=x^2$のグラフ上にあるので，$x=a$を代入して，y座標は$\boxed{a^2}$。

よって，MO = MAから$\boxed{a^2}=a$

$a\neq0$より$\boxed{a=1}$　　答　$a=\boxed{1}$

□ (12)　∠AOB = 60°のとき，aの値を求めなさい。この問題は計算の途中の式と答えを書きなさい。

《2次関数》

(11)と同様にして，

MA = a，MO = a^2となります。

∠AOB = 60°のとき，

△OABは正三角形であり，

△OMAは60°の角をもつ直角三角形となります。

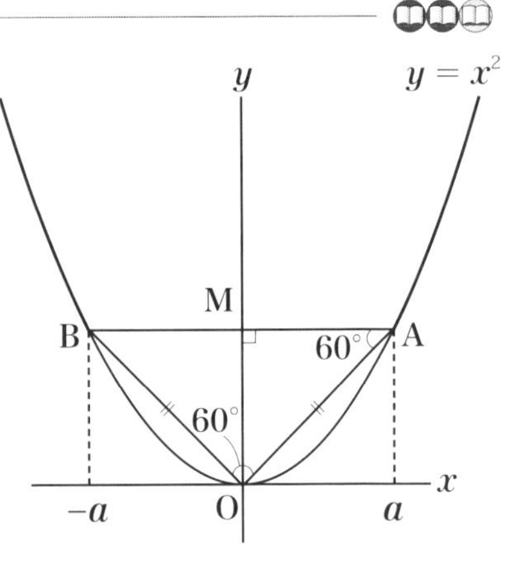

よって，MO：MA = $\boxed{\sqrt{3}}$：1

$a^2 : a = \boxed{\sqrt{3}} : 1$

$a^2 = \boxed{\sqrt{3}}\,a$

$a\neq0$より$\boxed{a=\sqrt{3}}$

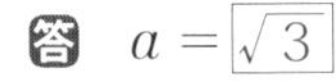

特別な直角三角形の辺の比

直角二等辺三角形と，60°の角をもつ直角三角形の辺の比はそれぞれ，1：1：$\sqrt{2}$，1：2：$\sqrt{3}$

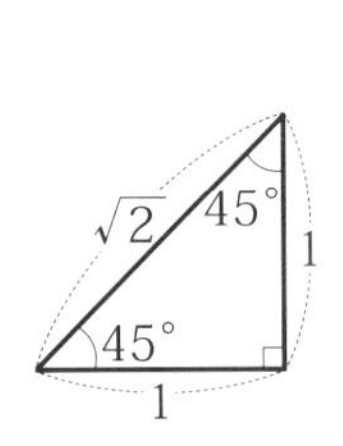

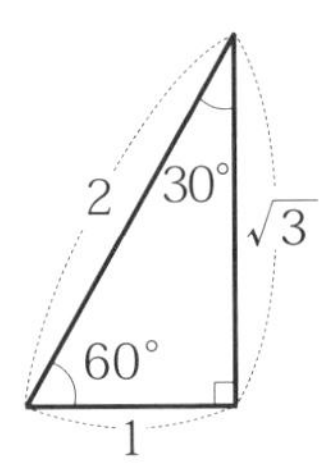

6 右の表は，あるクラスにおける数学と英語の小テストの結果をまとめたものです。これについて，次の問いに答えなさい。

（統計技能）

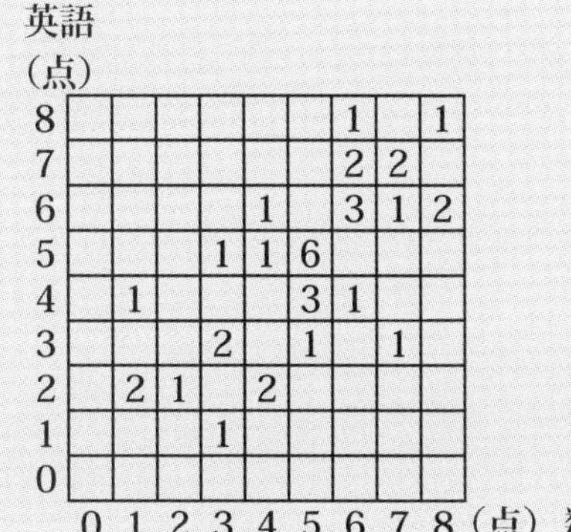

英語（点）＼数学（点）	0	1	2	3	4	5	6	7	8
8							1		1
7							2	2	
6					1		3	1	2
5				1	1	6			
4		1				3	1		
3				2		1		1	
2		2	1		2				
1				1					
0									

□の中は人数を表しています。

□（13） 数学の小テストにおいて，何点の生徒がいちばん多いですか。

《統計技能》

数学の各得点の人数は，縦のマス目の中の数の合計です。

得点	0	1	2	3	4	5	6	7	8
人数	0	3	1	4	4	10	7	4	3

したがって，5点の生徒が10人でいちばん多いことがわかります。

答 5点

□（14） クラス全体に対して，数学も英語も6点以上である生徒の割合は何％ですか。答えは小数第2位を四捨五入して小数第1位まで求めなさい。

《統計技能》

クラス全体の人数は，マス目の中の数の合計になります。これは，（13）でつくった表の人数の合計と同じです。したがって，

$$0+3+1+4+4+10+7+4+3=36\text{（人）}$$

また，数学も英語も6点以上である生徒の人数は，次ページの表の右上の色の部分の数の和ですから，

$1+2+3+2+1+1+2$

$=\boxed{12}$（人）

したがって，求める割合は，

$12\div 36=\boxed{0.3333}\cdots\cdots$

より，$\boxed{33.33}$％

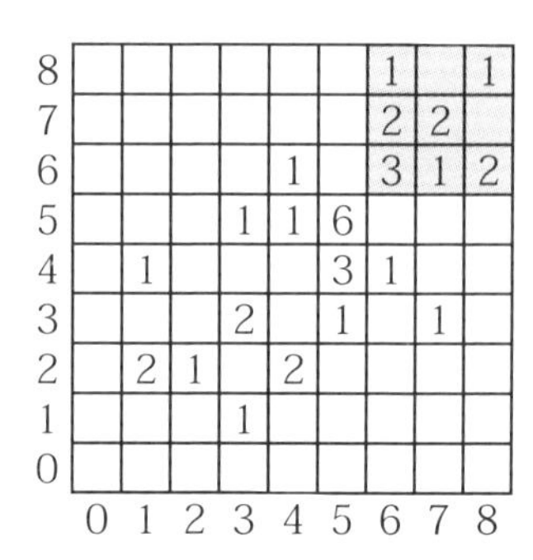

答 $\boxed{33.3}$％

百分率で表された数の小数第２位を四捨五入します。

□（15） **数学と英語では，どちらの平均点が高いでしょうか。**

解説・解答 《統計技能》 

（13）の表から，数学の総得点は，

$0\times 0+1\times 3+2\times 1+3\times 4+4\times 4+5\times 10$
$+6\times 7+7\times 4+8\times 3$
$=\boxed{177}$（点）

（14）から，クラスの人数は36人ですから，数学の平均点は，

$\boxed{177}\div 36=\boxed{4.916}\cdots\cdots$（点）

英語についても，（13）と同様に各得点の人数を表にすると，次のようになります。

得点	0	1	2	3	4	5	6	7	8
人数	0	1	5	4	5	8	7	4	2

この表から，英語の総得点は，

$0\times 0+1\times 1+2\times 5+3\times 4+4\times 5+5\times 8$
$+6\times 7+7\times 4+8\times 2$
$=\boxed{169}$（点）

したがって，英語の平均点は，

$\boxed{169}\div 36=\boxed{4.694}\cdots\cdots$（点）

ワンポイント・アドバイス
表を使いやすい形に整理して考えます。

よって，数学の平均点のほうが英語の平均点より高いことがわかります。

答 数学

7

右の図のように，底面の半径が6cm，高さが8cmの円錐に，球Oが内接しています。このとき，次の問いに単位をつけて答えなさい。ただし，円周率はπとします。（測定技能）

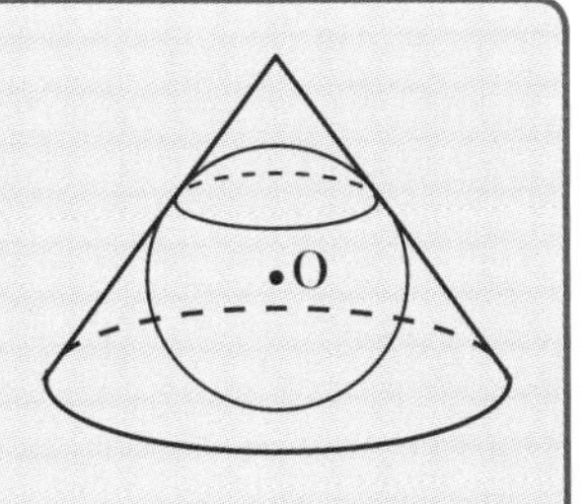

□（16）この円錐の体積は何cm^3ですか。

《空間図形》

円錐の体積＝$\frac{1}{3}$×底面積×高さ ですから，求める体積は，

$$\frac{1}{3}\pi \times 6^2 \times 8 = \boxed{96\pi} \ (cm^3)$$

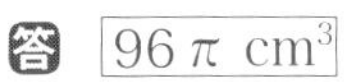

□（17）球Oの半径は何cmですか。

《空間図形》

球Oの中心を通り，底面と垂直な平面でこの円錐と球を切断すると，切り口は右の図のようになります。

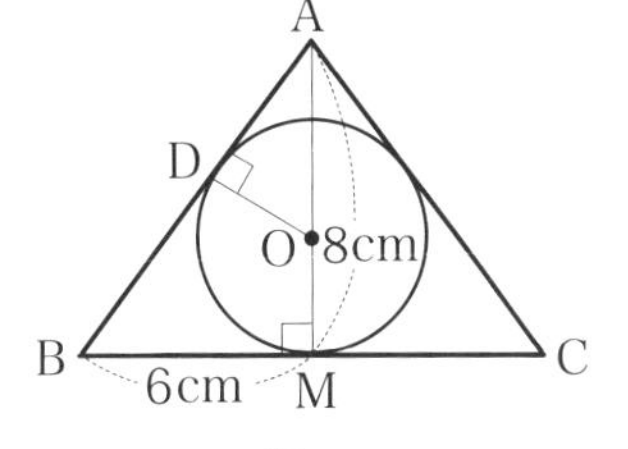

右の図の△ABMにおいて，三平方の定理を用いると，

$$AB^2 = 6^2 + \boxed{8^2} = \boxed{100}$$

AB＞0より，

$$AB = \boxed{10}\,cm \qquad \cdots\cdots①$$

ここで，球Oの半径をOM＝r cmとおくと，

$$OM = OD = r\ cm \qquad \cdots\cdots②$$

△ABM∽△AODより，

$$AB : AO = BM : OD$$

①，②より，　$10 : (\boxed{8 - r}) = 6 : r$

$$10r = 6(\boxed{8 - r})$$
$$10r = 48 - 6r$$
$$16r = \boxed{48}$$
$$r = \boxed{3}$$

答 $\boxed{3\text{ cm}}$

□ **(18) 球 O が円錐の側面と接している部分の曲線の長さは何 cm ですか。**

《空間図形》

右の図のように，点 D から線分 AM に垂線 DH をひきます。

△ ABM ∽△ AOD より，

$$AB : AO = AM : AD$$
$$\boxed{10} : (8 - 3) = \boxed{8} : AD$$
$$10AD = \boxed{40}$$
$$AD = \boxed{4}\text{ cm}$$

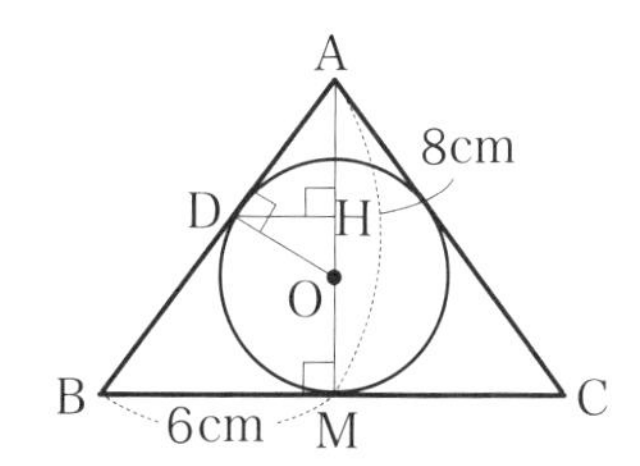

ここで，△ ABM ∽△ ADH より，

$$AB : AD = BM : DH$$
$$\boxed{10} : 4 = \boxed{6} : DH$$
$$10DH = \boxed{24}$$
$$DH = \boxed{\frac{12}{5}}\text{ cm}$$

ワンポイント・アドバイス
球が円錐と接している部分は円になります。まず，その円の半径を求めましょう。

比例式
$a : b = c : d$ のとき，
$ad = bc$

求める曲線の長さは，HD を半径とする中心 H の円周の長さですから，

$$2\pi \times \boxed{\frac{12}{5}} = \boxed{\frac{24}{5}\pi}\ (\text{cm})$$

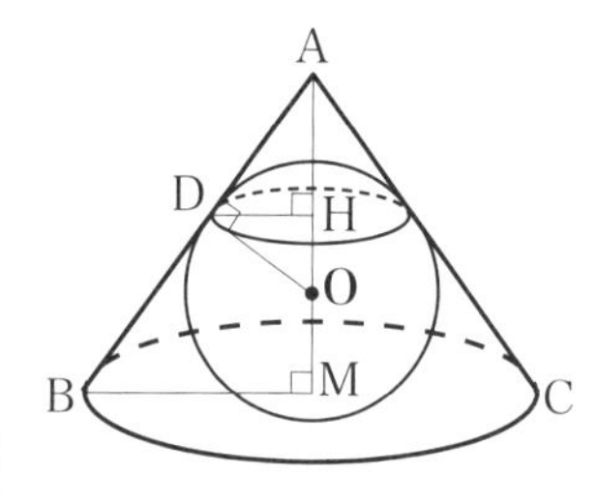

答 $\boxed{\frac{24}{5}\pi\ \text{cm}}$

8 右の図のように，線分 OA と線分 OB が点 O で垂直に交わっています。このとき，次の問いに答えなさい。

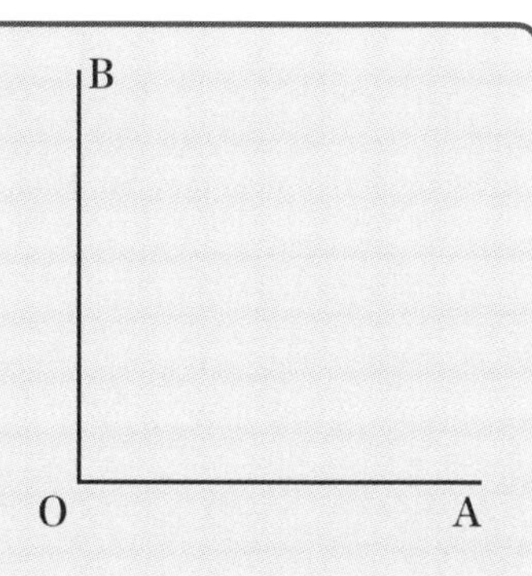

 (19)　∠AOB を 3 等分する線分 OP，OQ を，<注>にしたがって作図しなさい。　　（作図技能）

（＊<注>は省略）

解説・解答　《作図技能》

∠AOB ＝ 90°なので，3 等分すると，
90°÷ 3 ＝ 30°より，∠AOP ＝ 30°，
∠POQ ＝ 30°，∠QOB ＝ 30°となればよい。

すると，∠AOQ ＝∠AOP ＋∠POQ ＝ 30°＋ 30°＝ 60°

なので，正三角形を利用して∠AOQ ＝ 60°をかき，∠AOQ の二等分線 OP をかきます。

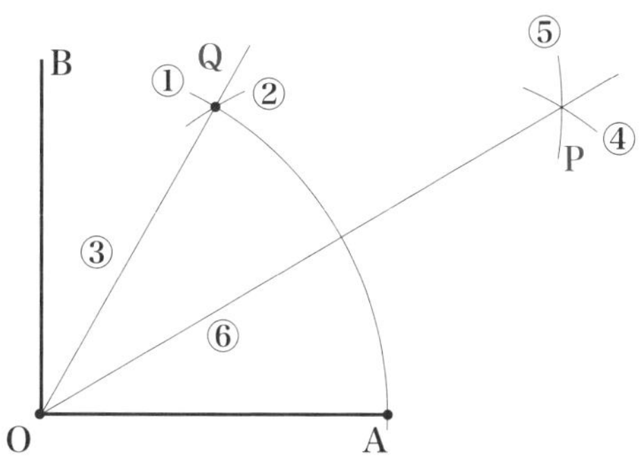

① O を中心として，A を通る円弧をかきます。

② A を中心として，同じ半径の円弧をかき，交点を Q とします。

③ 2 点 O，Q を通る直線をひきます。

④ A を中心とする円弧をかきます。

⑤ Q を中心とする同じ半径の円弧をかき，交点を P とします。

⑥ 2 点 O，P を通る直線をひきます。

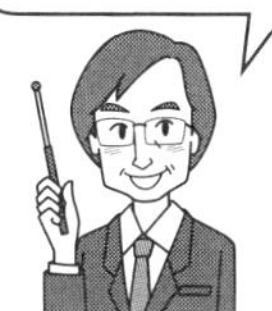

作図に用いた線は消さないで残しておきます。

9 次の問いに答えなさい。

□ (20) 4けたの自然数をABCD，その数字を逆にならべた4けたの自然数をDCBAと表すことにします。この2つの数の和が100の倍数になるとき，その和を求めなさい。ただし，AとDは0でない整数とします。

《整数の性質》

自然数ABCDとDCBAの和は100の倍数ですから，kを整数とすると，次のように表すことができます。

$$\mathrm{ABCD} + \mathrm{DCBA} = 100k \quad (k \text{ は整数})$$

このとき次のように，和の一の位，十の位の数は0になります。

```
      A B C D
+)    D C B A
─────────────
    * * * 0 0
```

条件より，A≒0で，D＋A≒0ですから，

$$\mathrm{D} + \mathrm{A} = \boxed{10}$$

また，D＋A＝[10]より，十の位に1くり上がり，和の十の位は0ですから，

$$\mathrm{C} + \mathrm{B} = \boxed{9}$$

以上から，次のようになります。

```
      1 1 1
      A B C D        D + A = 10
+)    D C B A   ←    C + B = 9
─────────────        B + C = 9
    1 1 0 0 0        A + D = 10
```

 11000

第4回 1次 計算技能

1 次の計算をしなさい。

□ (1) $(-19)+(-37)-(-9)$

《正負の数の加法・減法》

$(-19)+(-37)-(-9)$

$=-19\boxed{-}37\boxed{+}9$ 　項を並べた式で表します。

$=-56\boxed{+}9$ 　同符号どうしの数をまとめます。

$=\boxed{-47}$ ……答

□ (2) $-12+36\div(-9)$

《正負の数の四則計算》

$-12+36\div(-9)$

$=-12+(\boxed{-4})$ 　除法を先に計算します。

$=-12\boxed{-4}$ 　項を並べた式で表します。

$=\boxed{-16}$ ……答

□ (3) $(-5^2)-(-2)^2\times3$

《累乗をふくむ計算》

$(-5^2)-(-2)^2\times3$

$=\boxed{-25}-\boxed{4}\times3$ 　累乗を先に計算します。

$=\boxed{-25}-\boxed{12}$ 　乗法を計算します。

$=\boxed{-37}$ ……答

□ (4)　$-\frac{3}{4}\times 0.4+\frac{2}{3}\div 0.4$

《小数と分数をふくむ計算》

$-\frac{3}{4}\times 0.4+\frac{2}{3}\div 0.4$

小数を分数になおします。

$=-\frac{3}{4}\times\boxed{\frac{4}{10}}+\frac{2}{3}\div\boxed{\frac{4}{10}}$

乗法・除法を先に計算します。
除法は逆数をかけるかけ算になおします。

$=-\frac{\overset{\boxed{1}}{\cancel{3}}}{\underset{\boxed{1}}{\cancel{4}}}\times\frac{\overset{\boxed{1}}{\cancel{4}}}{10}+\frac{\overset{\boxed{1}}{\cancel{2}}}{3}\times\frac{\overset{\boxed{5}}{\cancel{10}}}{\underset{\boxed{1}}{\cancel{4}}}$ ←約分します。

$=-\frac{3}{10}+\boxed{\frac{5}{3}}$

通分します。

$=-\frac{9}{30}+\boxed{\frac{50}{30}}$

$=\boxed{\frac{41}{30}}$……答

正負の数の四則計算

「かっこ→累乗→乗法・除法→加法・減法」の順に計算します。

① かっこがあるときは, かっこの中を先に計算します。

② 累乗があるときは, 累乗を先に計算します。

③ 乗法や除法は, 加法や減法より先に計算します。

例　$(-6)+(-2)\times 3=(-6)+(-6)=-12$

□ (5)　$\sqrt{27}-\sqrt{75}-\sqrt{48}$

《平方根の計算》

$\sqrt{27}-\sqrt{75}-\sqrt{48}$

$=\sqrt{3^2\times 3}-\sqrt{\boxed{5^2}\times 3}-\sqrt{\boxed{4^2}\times 3}$ ←根号の中の平方数を見つけます。

$=3\sqrt{3}-\boxed{5\sqrt{3}}-\boxed{4\sqrt{3}}$ ←根号の中を小さい数にします。

$=\boxed{-6\sqrt{3}}$ ……答

平方根の変形

$a>0$, $b>0$ のとき,

$$\sqrt{a^2b}=a\sqrt{b}$$

例 $\sqrt{18}=\sqrt{3^2\times 2}=3\sqrt{2}$

平方根の加法・減法

$a>0$ のとき,

$$\ell\sqrt{a}+m\sqrt{a}=(\ell+m)\sqrt{a}$$

$$\ell\sqrt{a}-m\sqrt{a}=(\ell-m)\sqrt{a}$$

□ (6) $\dfrac{12}{\sqrt{6}}-(\sqrt{3}-\sqrt{2})^2$

《平方根の計算》

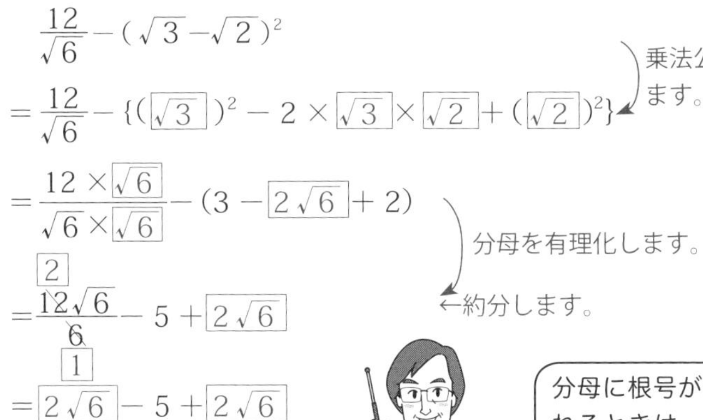

$$\frac{12}{\sqrt{6}}-(\sqrt{3}-\sqrt{2})^2$$

$$=\frac{12}{\sqrt{6}}-\{(\sqrt{3})^2-2\times\sqrt{3}\times\sqrt{2}+(\sqrt{2})^2\}$$

←乗法公式を用います。

$$=\frac{12\times\sqrt{6}}{\sqrt{6}\times\sqrt{6}}-(3-2\sqrt{6}+2)$$

分母を有理化します。

$$=\frac{\overset{2}{\cancel{12}}\sqrt{6}}{\underset{1}{\cancel{6}}}-5+2\sqrt{6}$$

←約分します。

$$=2\sqrt{6}-5+2\sqrt{6}$$

$$=-5+4\sqrt{6}$$ …… 答

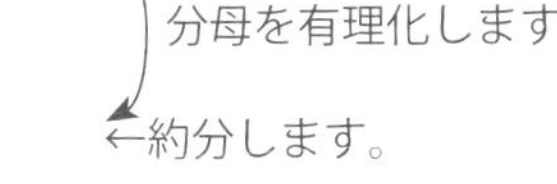

分母に根号がふくまれるときは，分母を有理化します。

分母の有理化

分母に根号がふくまれない形にすることを，分母を**有理化する**といいます。

$$\frac{b}{\sqrt{a}}=\frac{b}{\sqrt{a}}\times\frac{\sqrt{a}}{\sqrt{a}}=\frac{b\sqrt{a}}{a}$$

問題 p.46

□ (7)　$2(4x-3)-5(2x-6)$

《文字式の計算》 

$$2(4x-3)-5(2x-6)$$

$=\boxed{8x}-6-\boxed{10x}+30$ 　分配法則でかっこをはずします。

$=\boxed{8x-10x}-6+30$ 　項を並べかえます。

$=\boxed{-2x+24}$ ……答 　同類項をまとめます。

□ (8)　$0.4(x-5)-0.6(2x-4)$

《文字式の計算》 

$$0.4(x-5)-0.6(2x-4)$$

$=0.4x-\boxed{2}-\boxed{1.2x}+2.4$ 　分配法則でかっこをはずします。

$=0.4x-\boxed{1.2x}-\boxed{2}+2.4$ 　項を並べかえます。

$=\boxed{-0.8x+0.4}$ ……答 　同類項をまとめます。

数と多項式の乗法，単項式と多項式の乗法

数と多項式，単項式と多項式の乗法は，分配法則を使って計算します。

同類項をまとめる

多項式は，同類項があれば，それをまとめて簡単にすることができます。

□ (9)　$4(2a-b)-5(3a+4b)$

《文字式の計算》 

$$4(2a-b)-5(3a+4b)$$

$=8a-4b-\boxed{15a}-\boxed{20b}$ 　分配法則でかっこをはずします。

$=8a-\boxed{15a}-4b-\boxed{20b}$ 　項を並べかえます。

$=\boxed{-7a-24b}$ ……答 　同類項をまとめます。

□ (10) $\dfrac{5x+3y}{6}-\dfrac{3x-5y}{8}$

《分数式の計算》

$$\frac{5x+3y}{6}-\frac{3x-5y}{8}$$

$$=\frac{4(5x+3y)}{24}-\boxed{\frac{3(3x-5y)}{24}}$$

通分します。

$$=\frac{4(5x+3y)-\boxed{3(3x-5y)}}{24}$$

$$=\frac{20x+12y\boxed{-9x+15y}}{24}$$

$$=\frac{20x\boxed{-9x}+12y\boxed{+15y}}{24}$$

$$=\boxed{\frac{11x+27y}{24}}$$ ……答

同類項をまとめます。

分数式の計算

次の手順で計算します。

通分する → 1つの分数にまとめる

→ 分子のかっこをはずす

→ 同類項をまとめる

□ (11) $32x^4y^7 \div 8xy^4$

《単項式の乗除》

$$32x^4y^7 \div 8xy^4$$

$$=32x^4y^7\times\boxed{\frac{1}{8xy^4}}$$

逆数をかけるかけ算にします。

$$=\frac{\overset{\boxed{4}}{\cancel{32}}\overset{\boxed{3}}{x^{\cancel{4}}}\overset{\boxed{3}}{y^{\cancel{7}}}}{\underset{\boxed{1}}{\cancel{8}}\cancel{x}y^{\cancel{4}}}=\boxed{4x^3y^3}$$ ……答

□ (12) $-\frac{3}{4}xy^3 \div \left(-\frac{1}{2}x^2y\right)^2 \times \frac{5}{3}x^3y^4$

《単項式の乗除》

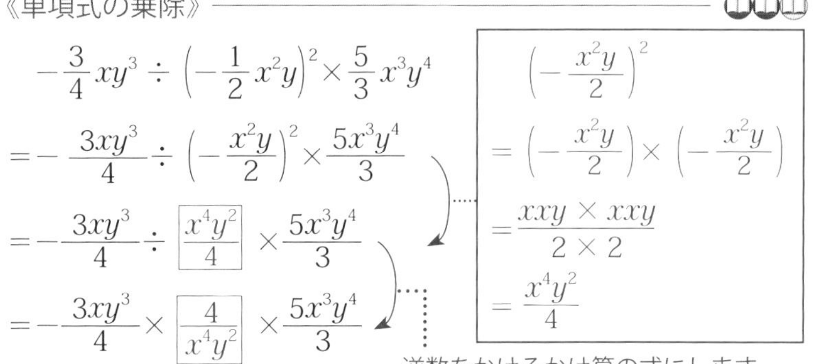

$$-\frac{3}{4}xy^3 \div \left(-\frac{1}{2}x^2y\right)^2 \times \frac{5}{3}x^3y^4$$

$$= -\frac{3xy^3}{4} \div \left(-\frac{x^2y}{2}\right)^2 \times \frac{5x^3y^4}{3}$$

$$= -\frac{3xy^3}{4} \div \boxed{\frac{x^4y^2}{4}} \times \frac{5x^3y^4}{3}$$

$$= -\frac{3xy^3}{4} \times \boxed{\frac{4}{x^4y^2}} \times \frac{5x^3y^4}{3}$$

$$\left(-\frac{x^2y}{2}\right)^2 = \left(-\frac{x^2y}{2}\right) \times \left(-\frac{x^2y}{2}\right) = \frac{xxy \times xxy}{2 \times 2} = \frac{x^4y^2}{4}$$

逆数をかけるかけ算の式にします。

$$= -\frac{\overset{1}{\cancel{3}} \times \overset{1}{\cancel{4}} \times 5 \times \cancel{x^4}y^{\overset{5}{\cancel{7}}}}{\underset{1}{\cancel{4}} \times \underset{1}{\cancel{3}} \times \cancel{x^4}\cancel{y^2}}$$

$$= \boxed{-5y^5}$$ …… 答

約分に注意しましょう。

参考

m，n を正の整数とすると，

$a^m a^n = \underbrace{aa\cdots a}_{m\text{個}} \cdot \underbrace{aa\cdots a}_{n\text{個}} = a^{m+n}$

$\frac{a^m}{a^n} = \frac{\overbrace{aaa\cdots aa}^{m\text{個}}}{\underbrace{aa\cdots a}_{n\text{個}}} = a^{m-n}$

$(a^m)^n = \overbrace{\underbrace{aa\cdots a}_{m\text{個}} \cdot \underbrace{aa\cdots a}_{m\text{個}} \cdot \cdots \cdot \underbrace{aa\cdots a}_{m\text{個}}}^{(m\times n)\text{ 個}} = a^{mn}$

$(ab)^n = a^nb^n$

単項式どうしの除法

単項式どうしの除法は，分数の形にするか，わる式の逆数をかける乗法の式になおして計算します。

例 $8x^3y^2 \div 2x^2y = \frac{8x^3y^2}{2x^2y} = 4xy$

2 次の式を展開して計算しなさい。

□ (13) $(3x-5y)(3x+5y)$

《多項式の計算》

$(3x-5y)(3x+5y)$
$=(\boxed{3x})^2-(\boxed{5y})^2$
$=\boxed{9x^2-25y^2}$ ……答

乗法公式 $(x+a)(x-a)=x^2-a^2$ を用います。

□ (14) $(2x-1)(2x-5)-(2x-3)^2$

《多項式の計算》

$(2x-1)(2x-5)-(2x-3)^2$
$=4x^2-10x\boxed{-2x}+5-\{(2x)^2-2\times\boxed{2x}\times\boxed{3}+3^2\}$
$=\boxed{4x^2-12x+5}-(\boxed{4x^2-12x+9})$
$=4x^2-12x+5-4x^2\boxed{+12x-9}$
$=4x^2-4x^2-12x\boxed{+12x+5}-9$
$=\boxed{-4}$ ……答

分配法則と乗法公式を用います。

同類項をまとめます。

多項式の乗法

単項式や多項式の積の形で表された式を計算して1つの多項式に表すことを，もとの式を展開するといいます。

$$(a+b)(c+d)=ac+ad+bc+bd$$

乗法の公式

① $(x+a)(x+b)=x^2+(a+b)x+ab$

② $(x+a)^2=x^2+2ax+a^2$

③ $(x-a)^2=x^2-2ax+a^2$

④ $(x+a)(x-a)=x^2-a^2$

3 次の式を因数分解しなさい。

□ (15)　$2x^3 - 8x$

《因数分解》

$2x^3 - 8x$

$= 2x(x^2 - \boxed{4})$

$= \boxed{2x(x+2)(x-2)}$ …… 答

共通因数 $2x$ でくくります。

かっこの中で因数分解公式を用います。

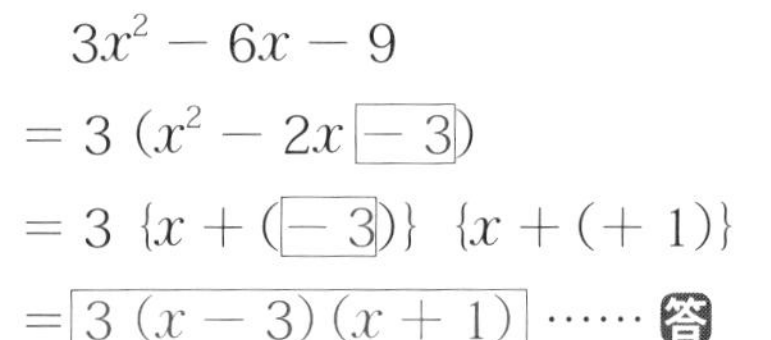

共通因数があるときは，まず共通因数でくくります。

□ (16)　$3x^2 - 6x - 9$

《因数分解》

$3x^2 - 6x - 9$

$= 3(x^2 - 2x \boxed{-3})$

$= 3\{x + (\boxed{-3})\}\{x + (+1)\}$

$= \boxed{3(x-3)(x+1)}$ …… 答

共通因数 3 でくくります。

かっこの中で因数分解公式を用います。

ポイント
積が -3 になる2つの数の組の中から，和が -2 になる数を見つけます。

因数分解の公式

① $x^2 + (a+b)x + ab = (x+a)(x+b)$

② $x^2 + 2ax + a^2 = (x+a)^2$

③ $x^2 - 2ax + a^2 = (x-a)^2$

④ $x^2 - a^2 = (x+a)(x-a)$

4 次の方程式を解きなさい。

□ (17) $7x-5=3x-3$

《1次方程式》

$$7x-5=3x-3$$

$3x$，-5 を移項すると，

$$7x-\boxed{3x}=-3+\boxed{5}$$

符号を変えて，他方の辺に移します。

$$\boxed{4x}=\boxed{2}$$

両辺を4でわります。

$$x=\boxed{\frac{1}{2}}$$

答 $x=\boxed{\frac{1}{2}}$

□ (18) $\dfrac{2x-1}{3}-\dfrac{x-8}{6}=2$

《1次方程式》 

$$\frac{2x-1}{3}-\frac{x-8}{6}=2$$

両辺を$\boxed{6}$倍すると，

$$2(\boxed{2x-1})-(\boxed{x-8})=\boxed{12}$$

xの係数を整数にします。

$$\boxed{4x}-2-x+\boxed{8}=\boxed{12}$$

かっこをはずします。

移項して整理すると，　$\boxed{3x}=6$

両辺を3でわると，　$x=\boxed{2}$

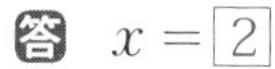
答 $x=\boxed{2}$

1次方程式の解き方

① 係数に小数や分数があるときは，両辺に適当な数をかけて，係数を整数にします。かっこがあればはずします。

② 移項して，文字がある項どうし，数の項どうしを集めます。

③ 両辺を整理して $ax=b$ の形にします。

④ 両辺を x の係数 a でわります。

□ (19) $3x^2 - 24 = 0$

《2 次方程式》

$$3x^2 - 24 = 0$$

-24 を移行すると,

$$3x^2 = \boxed{24}$$
$$x^2 = \boxed{8}$$
$$x = \pm\boxed{\sqrt{8}}$$
$$x = \pm\sqrt{4 \times \boxed{2}}$$
$$x = \pm\sqrt{2^2 \times \boxed{2}}$$
$$x = \boxed{\pm 2\sqrt{2}}$$

両辺を 3 でわり, $x^2 = a$ の形にします。

平方根を求めます。このとき, ±を忘れないように。

$a\sqrt{b}$ の形に変形します。

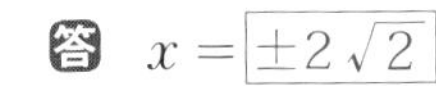
答 $x = \boxed{\pm 2\sqrt{2}}$

平方根を求めるとき, ±を忘れないようにしましょう。

2 次方程式の解き方

$ax^2 + c = 0$ の形の方程式は, 上の解答のように, $x^2 =$ ○の形に変形して解くことができます。

□ (20) $x^2 + 5x + 1 = 0$

《2 次方程式》

$$x^2 + 5x + 1 = 0$$

解の公式を用いると,

$$x = \frac{\boxed{-5} \pm \sqrt{5^2 - 4 \times \boxed{1} \times \boxed{1}}}{2 \times 1}$$

$$x = \frac{-5 \pm \boxed{\sqrt{21}}}{2}$$

答 $x = \boxed{\dfrac{-5 \pm \sqrt{21}}{2}}$

2次方程式の解の公式による解き方

2次方程式 $ax^2+bx+c=0$ の解は，

$$x=\frac{-b\pm\sqrt{b^2-4ac}}{2a}$$

5 次の連立方程式を解きなさい。

□ (21) $\begin{cases} 4x+3y=5 \\ x=-y+1 \end{cases}$

《連立方程式》

$\begin{cases} 4x+3y=5 & \cdots\cdots① \\ x=-y+1 & \cdots\cdots② \end{cases}$

②を①へ代入すると，

ポイント 代入法で，x を消去します。

$$4(-y+1)+3y=5$$
$$-4y+\boxed{4}+3y=5$$
$$-y=\boxed{1}$$
$$y=\boxed{-1}$$

$y=\boxed{-1}$ を②へ代入すると，

$$x=-(\boxed{-1})+1=\boxed{1}+1=\boxed{2}$$

$\therefore \begin{cases} x=\boxed{2} \\ y=\boxed{-1} \end{cases}$ ……答

答 $x=\boxed{2}$，$y=\boxed{-1}$

加減法と代入法のどちらか解きやすい方法で解きましょう。

□ (22) $\begin{cases} \dfrac{x}{8}+\dfrac{y}{12}=1 \\ 0.2x+0.6y=3 \end{cases}$

《連立方程式》

$$\begin{cases} \dfrac{x}{8}+\dfrac{y}{12}=1 & \cdots\cdots① \\ 0.2x+0.6y=3 & \cdots\cdots② \end{cases}$$

①× 24 より,

$$3x+2y=\boxed{24} \quad \cdots\cdots③$$

②× 10 より,

$$2x+6y=\boxed{30} \quad \cdots\cdots④$$

③× 3 −④より,

$$\begin{array}{rrl} & 9x+6y= & \boxed{72} \\ -) & 2x+6y= & \boxed{30} \\ \hline & \boxed{7x} \quad = & \boxed{42} \\ & x \quad = & \boxed{6} \end{array}$$

ポイント
加減法で, y を消去します。

$x=\boxed{6}$ を③に代入すると,

$$3\times\boxed{6}+2y=24$$
$$2y=6$$
$$y=\boxed{3}$$

$$\therefore \begin{cases} x=\boxed{6} \\ y=\boxed{3} \end{cases} \cdots\cdots 答$$

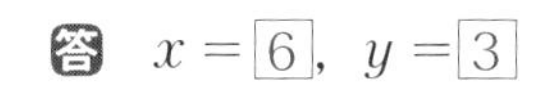

係数に分数や小数がある連立方程式の解き方

x, y の係数が小数や分数のときは，まず方程式の両辺に適当な数をかけて，x, y の係数を整数になおします。

かっこをふくむ連立方程式の解き方

かっこをはずして整理してから解きます。

6 次の問いに答えなさい。

□ (23) $a=-2$，$b=5$ のとき，$3a^2-4b$ の値を求めなさい。

《式の値》 

$a=-2$，$b=5$ を $3a^2-4b$ に代入すると，

$3\times(\boxed{-2})^2-4\times\boxed{5}$

$=\boxed{12}-\boxed{20}$

$=\boxed{-8}$ …… 答

式の値

式の中の文字を数に置き換えることを**代入する**といい，代入して計算した結果を**式の値**といいます。

□ (24) 大小2個のさいころを同時に投げるとき，出る目の数の積が4の倍数になる確率を求めなさい。

《確率》 

右のような表をつくって調べます。

右のように，$6\times6=\boxed{36}$ で，目の出方は全部で36通りあります。

目の数の積が4の倍数になるのは，右の○印の場合で，全部で $\boxed{15}$ 通りです。

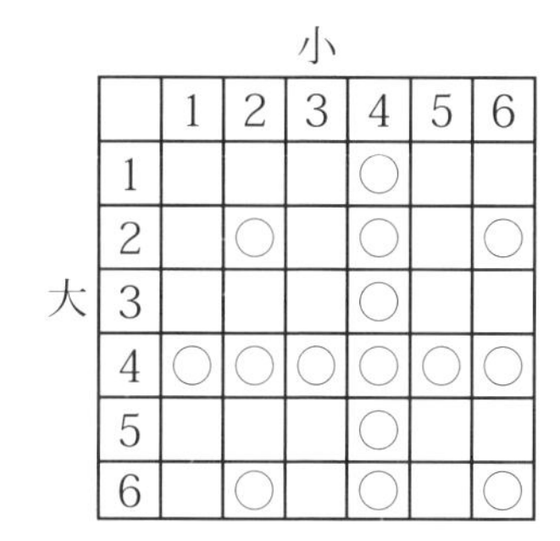

大＼小	1	2	3	4	5	6
1				○		
2		○		○		○
3				○		
4	○	○	○	○	○	○
5				○		
6		○		○		○

したがって，求める確率は，

$$\frac{\boxed{15}}{36}=\frac{\boxed{5}}{\boxed{12}}$$

 $\boxed{\dfrac{5}{12}}$

大きいさいころの目の出方は6通り，小さいさいころの目の出方は6通りですから，すべての目の出方は $6\times6=36$ で，

36 通りあります。

このうち，大小のさいころの目の数の積が 4 の倍数になるのは，次の 15 通りあります。

(1，4)，(2，2)，(2，4)，(2，6)，(3，4)，(4，1)，(4，2)，(4，3)，(4，4)，(4，5)，(4，6)，(5，4)，(6，2)，(6，4)，(6，6)

したがって，求める確率は，

$$\frac{15}{36}=\frac{5}{12}$$

確率の求め方

起こりうるすべての場合が n 通りあり，そのどれが起こることも同様に確からしいとします。このとき，あることがら A が起こる場合が a 通りあるとすると，

A が起こる確率 p は，$p=\frac{a}{n}$

2 つのさいころを同時に投げたときの確率

目の出方の数は全部で 36 通りです。

場合の数を調べるときは，(24) の「解説・解答」に示したような表を使うと便利です。

□ (25) 等式 $3x+2y=1$ を y について解きなさい。

《等式の変形》

$$3x+2y=1$$

$3x$ を移項します。　　移項すると符号が変わります。

$$2y=1-3x$$

両辺を 2 でわります。

$$y=\frac{1-3x}{2}$$ ……答

等式の変形

次のように，等式①を変形して，y の値を求める等式②にすることを，等式①を y について解くといいます。

 ① $4x = 5 + 3y$ → ② $y = \dfrac{4x - 5}{3}$

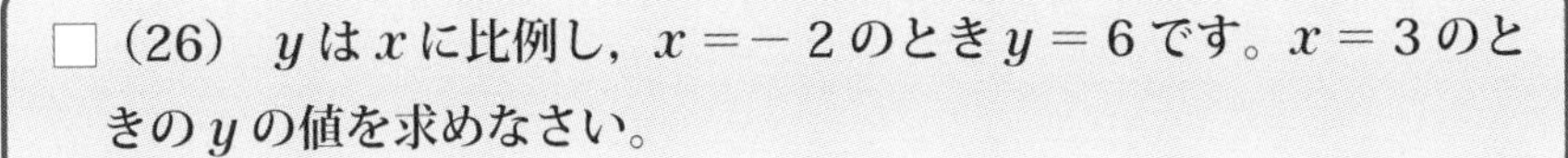

□ **(26) y は x に比例し，$x = -2$ のとき $y = 6$ です。$x = 3$ のときの y の値を求めなさい。**

《比例・反比例》 

y が x に比例するとき，$y = ax$（a は比例定数）と表すことができます。

$x = -2$ のとき $y = 6$ ですから，

$$\boxed{6} = \boxed{-2}a$$

したがって，　$a = \boxed{-3}$

比例の式は，　$y = \boxed{-3x}$

この式に，$x = 3$ を代入すると，

$$y = -3 \times \boxed{3}$$
$$= \boxed{-9} \text{ …… 答}$$

比例

y が x の関数で，次の式で表されるとき，y は x に比例するといいます。

$$y = ax \text{（a は比例定数）}$$

反比例

y が x の関数で，次の式で表されるとき，y は x に反比例するといいます。

$$y = \frac{a}{x} \text{（a は比例定数）}$$

□ (27) **y は x の 2 乗に比例し，$x = 2$ のとき $y = 16$ です。$x = -3$ のときの y の値を求めなさい。**

《2 乗に比例する関数》 

y が x の 2 乗に比例するとき，$y = ax^2$（a は比例定数）と表すことができます。

$x = 2$ のとき $y = 16$ ですから，

$$16 = a \times \boxed{2^2}$$
$$16 = \boxed{4a}$$

したがって，　$a = \boxed{4}$　←まず，比例定数 a を求めます。

式は，　$y = \boxed{4x^2}$

この式に，$x = -3$ を代入すると，

$$y = 4 \times \boxed{(-3)^2}$$
$$= \boxed{36}$$ …… 答

ワンポイント・アドバイス

y が x^2 に比例するとき，まず，$y = ax^2$ とおき，比例定数 a の値を求めます。

2 乗に比例する関数

y が x の関数で，

$$y = ax^2 \text{（}a\text{ は比例定数）}$$

という式で表されるとき，y は x の **2 乗に比例する**といいます。

関数 $y = ax^2$ の式の求め方

$y = ax^2$（a は比例定数）とおいて，x，y の値を代入して a の値を求めます。

□ (28)　**正十角形の 1 つの外角の大きさを求めなさい。**

《平面図形》

多角形の外角の和は 360° です。

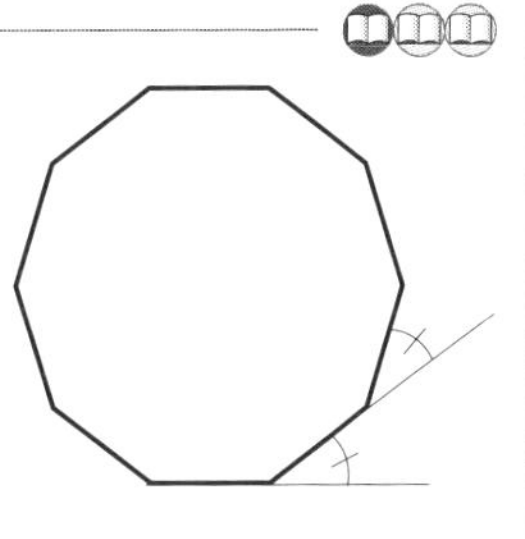

正十角形の 10 個の内角はすべて等しいから，外角もすべて等しくなっています。

したがって，

360°÷ 10 = 36°

答　36 度

多角形の外角の和

多角形の外角の和は 360° です。

正 n 角形の 1 つの外角の大きさは，$\dfrac{360°}{n}$

□ (29)　**右の図で，$\ell \,/\!/\, m$ のとき，$\angle x$ の大きさは何度ですか。**

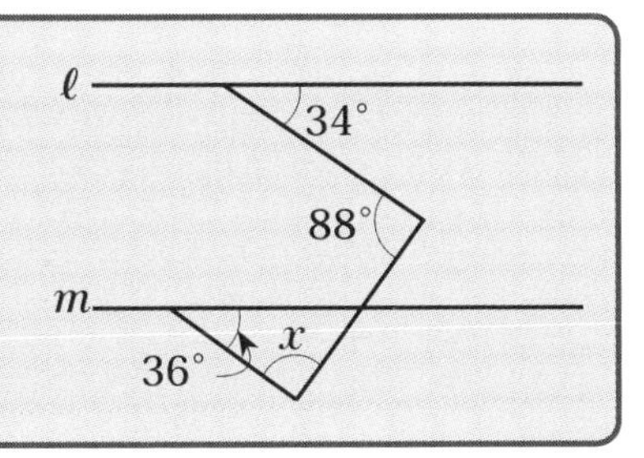

《平面図形》

右の図のように，点 D を通り，直線 ℓ，m に平行な直線 ℓ' をひきます。

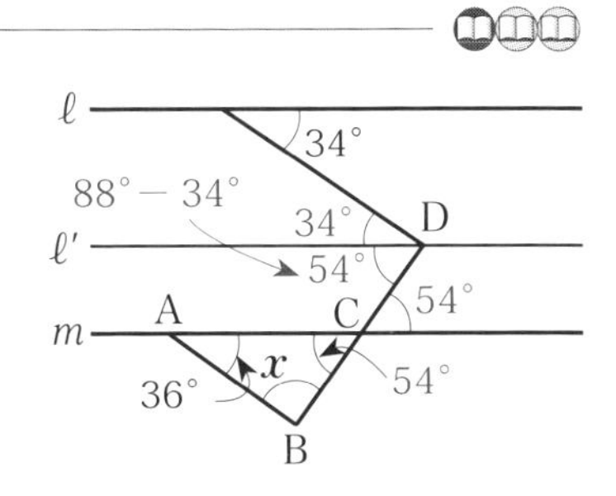

錯角と対頂角が等しいことから，

$\angle$ ACB = 54°

△ ABC の内角の和は 180°ですから，

$36° + ∠x + \boxed{54°} = 180°$

$∠x = \boxed{90°}$

答 90 度

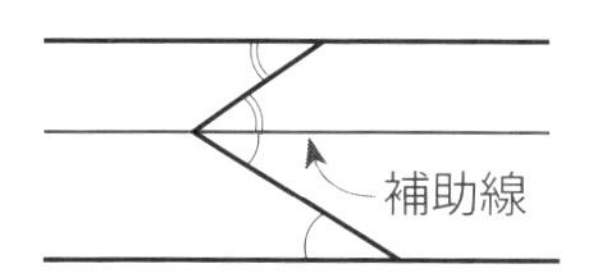

ワンポイント・アドバイス

平行な補助線をひいて，錯角や同位角をつくって，角の大きさを求めます。

平行線の性質

2 直線に 1 つの直線が交わるとき，次のことが成り立ちます。

① 2 直線が平行ならば，同位角は等しい。

② 2 直線が平行ならば，錯角は等しい。

多角形の内角の和

n 角形の内角の和は，$180° \times (n - 2)$

□ (30) 右の図のように，点 O を中心とし，直径を AB とする半円があります。AD // OC，∠DAO = 38° のとき，∠x の大きさは何度ですか。

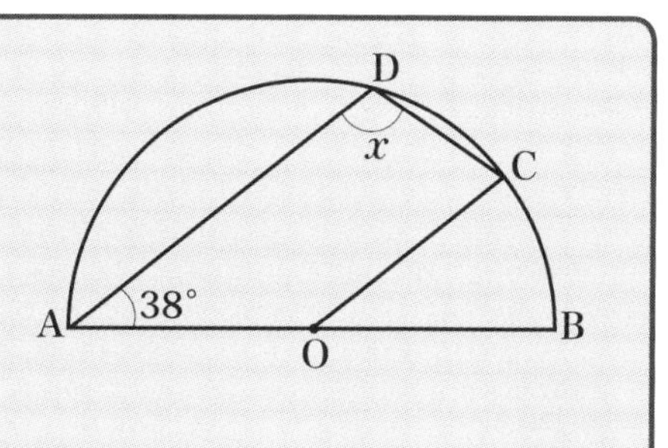

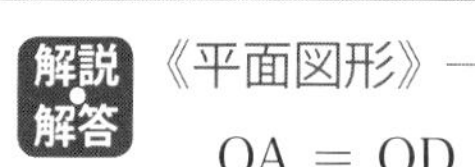

《平面図形》

OA = OD より，△OAD は二等辺三角形で，底角が等しいから，

$∠OAD = ∠\boxed{ODA}$

$= \boxed{38°}$ ……①

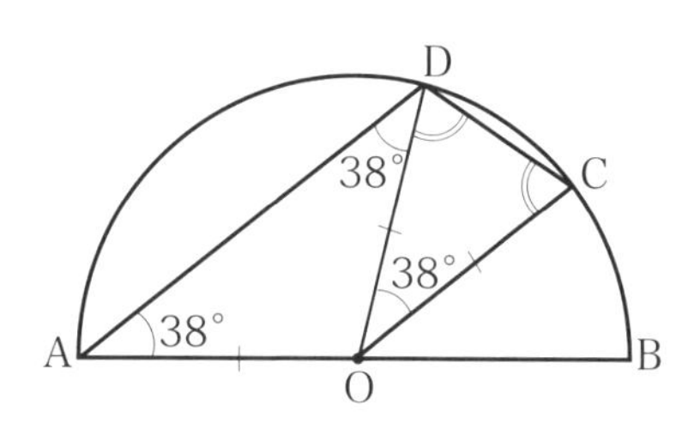

また，AD // OC より，錯角が等しいから，

$\angle$ ODA ＝$\angle$ COD ＝ 38° ……②

OC ＝ OD より，△ OCD は二等辺三角形で，底角が等しいから，

$\angle$ ODC ＝$\angle$ OCD ……③

したがって，②，③より

$\angle$ ODC ＝(180° − 38°)÷ 2 ＝ 71° ……④

①，④より，

$\angle x$ ＝$\angle$ ODA ＋$\angle$ ODC ＝ 38°＋ 71°

＝ 109°

答 109度

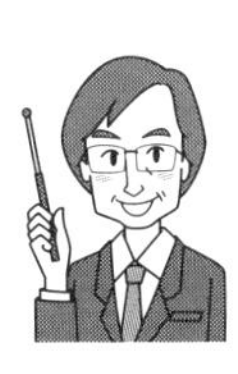

円の半径を２辺にもつ二等辺三角形に注目しましょう。

二等辺三角形の性質

二等辺三角形には次の性質があります。

① 二等辺三角形の底角は等しい。

② 頂角の二等分線は，底辺を垂直に２等分する。

第４回 ２次 数理技能

1 　a, b, c, d を実数とします。２つの数の組 (a, b) と (c, d) に対して，

・記号 $*$ は，$(a,\ b) * (c,\ d) = ac + bd$

・記号 $\#$ は，$(a,\ b)\ \#\ (c,\ d) = ad + bc$

であるとします。このとき，次の問いに答えなさい。

□ (1)　$(1,\ 2) * (3,\ 4)$ と $(1,\ 2)\ \#\ (3,\ 4)$ の値をそれぞれ求めなさい。

《計算の規則》 

$(1,\ 2) * (3,\ 4) = 1 \cdot 3 + 2 \cdot 4 = \boxed{11}$

$(1,\ 2)\ \#\ (3,\ 4) = 1 \cdot 4 + 2 \cdot 3 = \boxed{10}$

 $\boxed{(1,\ 2) * (3,\ 4) = 11}$

$\boxed{(1,\ 2)\ \#\ (3,\ 4) = 10}$

□ (2)　x の方程式 $(x, 1) * (2, 3) = (x, 1)\ \#\ (2, 3)$ を解きなさい。

《計算の規則》 

$(x,\ 1) * (2,\ 3) = x \cdot 2 + 1 \cdot \boxed{3} = 2x + \boxed{3}$

$(x,\ 1)\ \#\ (2,\ 3) = x \cdot 3 + 1 \cdot \boxed{2} = 3x + \boxed{2}$

なので，x の方程式は，

$(x,\ 1) * (2,\ 3) = (x,\ 1)\ \#\ (2,\ 3)$

$2x + \boxed{3} = 3x + \boxed{2}$

$-x = -\boxed{1}$

$x = \boxed{1}$

答　$x = \boxed{1}$

□ (3)　x の方程式 $(x, 1)*(x, 2)=(x, 1)\#(x, 2)$ を解きなさい。

《計算の規則》

$(x,\ 1)*(x,\ 2)=x\cdot x+1\cdot\boxed{2}=x^2+\boxed{2}$

$(x,\ 1)\#(x,\ 2)=x\cdot 2+1\cdot\boxed{x}=\boxed{3x}$

なので，x の方程式は，

$(x,\ 1)*(x,\ 2)=(x,\ 1)\#(x,\ 2)$

$x^2+\boxed{2}=\boxed{3x}$

$x^2-\boxed{3x}+\boxed{2}=0$

$(x-1)(x-\boxed{2})=0$

$x=1,\ \boxed{2}$

答　$x=\boxed{1,\ 2}$

2　展開図が右の図のようになる正四角錐について，次の問いに単位をつけて答えなさい。　（測定技能）

□ (4)　この正四角錐の高さは何 cm ですか。

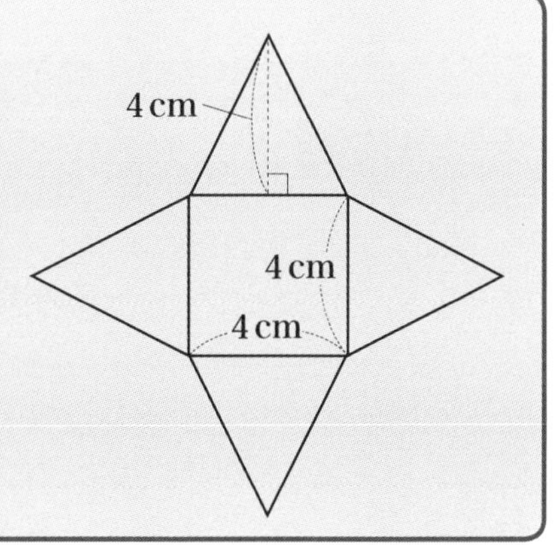

《立体》

展開図を組み立てると，右の図のような正四角錐になります。底面の正方形の対角線の交点を H，辺 AB の中点を M とします。

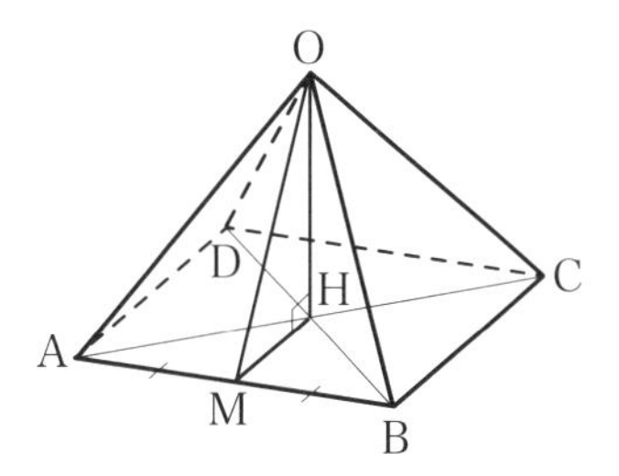

このとき，直角三角形 OMH において，三平方の定理より，

$4^2 = \boxed{2^2} + OH^2$

$OH^2 = 16 - \boxed{4} = \boxed{12}$

$OH > 0$ ですから，

$OH = \sqrt{12} = \boxed{2\sqrt{3}}$

OH は正四角錐の高さです。

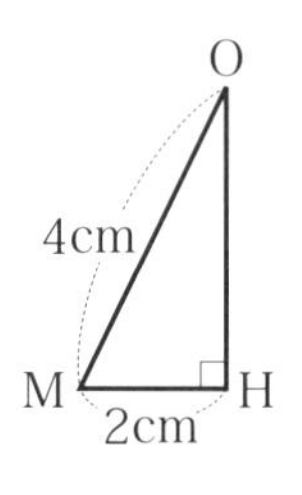

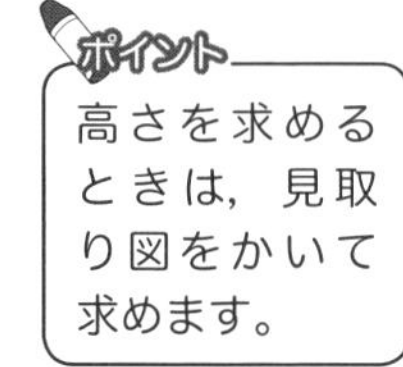

ポイント
高さを求めるときは，見取り図をかいて求めます。

答 $\boxed{2\sqrt{3}\ \text{cm}}$

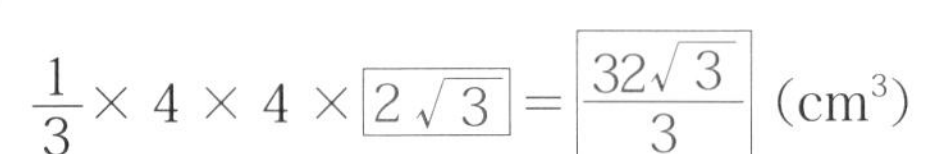

□ (5)　この正四角錐の体積は何 cm^3 ですか。

解説・解答 《立体の体積》

$$\frac{1}{3} \times 4 \times 4 \times \boxed{2\sqrt{3}} = \boxed{\frac{32\sqrt{3}}{3}}\ (cm^3)$$

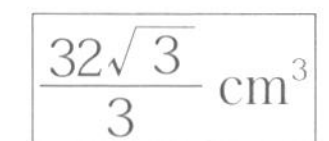
答 $\boxed{\frac{32\sqrt{3}}{3}\ cm^3}$

重要

角錐・円錐の体積

角錐の体積 $= \frac{1}{3} \times$ 底面積 $\times$ 高さ

円錐の体積 $= \frac{1}{3} \times$ 底面積 $\times$ 高さ

3　濃度が異なる 200g の食塩水 A と 300g の食塩水 B があります。この食塩水 A と B をすべて混ぜたら，食塩水 A より 3% 低い濃度の食塩水ができました。その後，さらに水を 500g 入れると，食塩水 B と同じ濃度になりました。食塩水 A の濃度を x%，食塩水 B の濃度を y% として，次の問いに答えなさい。

□ (6)　x，y を求めるための連立方程式をつくりなさい。(表現技能)

《連立方程式》

食塩水Aの中の食塩の量は，

$$200 \times \frac{x}{100} = \boxed{2x}\,(\text{g}) \qquad \cdots\cdots①$$

食塩水Bの中の食塩の量は，

$$300 \times \frac{y}{100} = \boxed{3y}\,(\text{g}) \qquad \cdots\cdots②$$

食塩水AとBを混ぜると，食塩水Aより3％低い濃度$(x-3)$％の食塩水が500gできます。この食塩水の中の食塩の量は，

$$500 \times \frac{x-3}{100} = \boxed{5(x-3)}\,(\text{g}) \qquad \cdots\cdots③$$

①と②の食塩の量の合計と③の食塩の量は等しいから，

$$\underline{\boxed{2x+3y}} = \underline{\boxed{5(x-3)}} \qquad \cdots\cdots④$$

混ぜる前の食塩の量の合計　混ぜた食塩水の食塩の量

AとBを混ぜた食塩水500gに，さらに水を500g入れると，食塩水Bの濃度と同じy％の食塩水1000gができます。この食塩水の中の食塩の量は，

$$1000 \times \frac{y}{100} = \boxed{10y}\,(\text{g}) \qquad \cdots\cdots⑤$$

①と②の食塩の量の合計と⑤の食塩の量は等しいから，

$$\underline{\boxed{2x+3y}} = \underline{\boxed{10y}} \qquad \cdots\cdots⑥$$

混ぜる前の食塩の量の合計　混ぜた食塩水に500gの水を加えたときの食塩の量

④，⑥の方程式を組にして連立方程式をつくります。

答 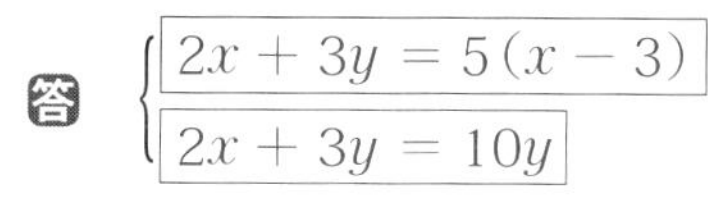

$$\begin{cases} 2x+3y=5(x-3) \\ 2x+3y=10y \end{cases}$$

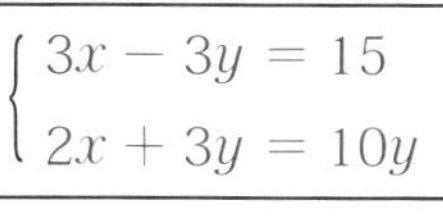

$$\begin{cases} 3x-3y=15 \\ 2x+3y=10y \end{cases}$$

このように整理して表しても正解です。

□ (7) **食塩水A，Bの濃度をそれぞれ求め，単位をつけて答えなさい。**

《連立方程式》

$$\begin{cases} 2x + 3y = 5(x - 3) & \cdots\cdots① \\ 2x + 3y = 10y & \cdots\cdots② \end{cases}$$

①から，

$$2x + 3y = \boxed{5x - 15}$$

整理すると，

$$x - y = \boxed{5} \quad \cdots\cdots③$$

②から，

$$2x - 7y = \boxed{0} \quad \cdots\cdots④$$

③× 2　　$2x - 2y = 10$

④　　$-)\ 2x - 7y = 0$

$$\boxed{5y} = \boxed{10}$$

$$y = \boxed{2}$$

$y = \boxed{2}$ を③に代入すると，

$$x - \boxed{2} = 5 \qquad x = \boxed{7}$$

したがって，食塩水Aは $\boxed{7}$ %，Bは $\boxed{2}$ %です。

答 A… $\boxed{7\%}$，　B… $\boxed{2\%}$

食塩水の濃度の求め方

$$食塩水の濃度（\%）= \frac{食塩の量}{食塩水の量} \times 100$$

（食塩水の量＝食塩の量＋水の量）

食塩の量の求め方

$$食塩の量 = 食塩水の量 \times \frac{食塩水の濃度(\%)}{100}$$

4 右の図のように，AB = AC の二等辺三角形の辺 AB，BC，CA 上に BQ = CR，CQ = PB となるように，順に P，Q，R をとります。このとき，次の問いに答えなさい。

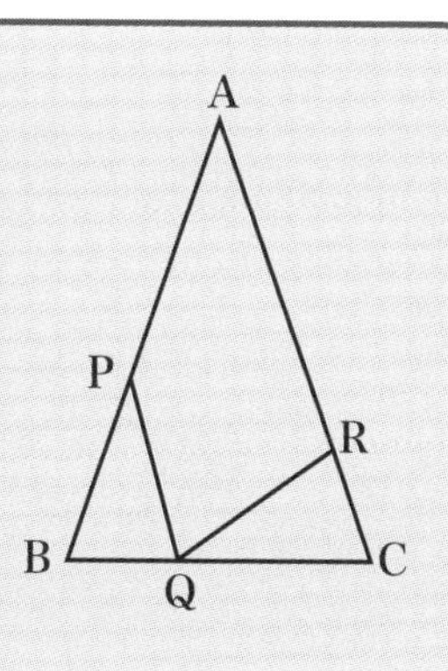

□ (8) ∠ QPB =∠ RQC であることを証明するには，どの三角形とどの三角形が合同であることを示せばよいですか。

《図形の合同》 

∠ QPB =∠ RQC を証明するので，∠ QPB と∠ RQC をふくむ△ PBQ と△ QCR が合同であることを示します。

 △ PBQ と△ QCR

□ (9) 上の (8) で答えた 2 つの三角形が合同であることを示すときに用いる合同条件を言葉で答えなさい。

《図形の合同》 

△ PBQ と△ QCR において，条件から，

BQ = CR ……①

PB = QC ……②

△ ABC は AB = AC の二等辺三角形で，底角が等しいから，

∠ B =∠ C ……③

①，②，③より，2 組の辺とその間の角がそれぞれ等しいから，

△ PBQ ≡△ QCR

したがって，

∠ QPB =∠ RQC

答 2 組の辺とその間の角がそれぞれ等しい

問題 p.51

三角形の合同条件は，言葉で表すことができるようにしておきましょう。

三角形の合同条件

2つの三角形は，次のどれかが成り立つとき合同であるといいます。

① **3組の辺がそれぞれ等しい。**

② **2組の辺とその間の角がそれぞれ等しい。**

③ **1組の辺とその両端の角がそれぞれ等しい。**

□ (10)　∠PQR＝∠Bとなることを証明しなさい。

解説・解答 《図形の合同》 

△PBQにおいて，1つの外角は，それと隣り合わない2つの内角の和に等しいから，

∠QPB＋∠B＝∠[PQC]　……①

ここで，

∠PQC＝∠PQR＋∠[RQC]

(8)，(9)より，∠QPB＝∠RQCであるから，

∠PQC＝∠PQR＋∠[QPB]　……②

①，②より，

∠QPB＋∠B＝∠PQR＋∠[QPB]

したがって，

∠PQR＝∠B

証明を書くときは，何を根拠として使っているか，わかるように説明します。

5 右の図の直線は $y = x + 1$ のグラフです。点 S は直線 $y = x + 1$ 上の点で，四角形 PQRS は，x 軸上に 1 辺がある正方形です。点 P の x 座標が a のとき，次の問いに答えなさい。

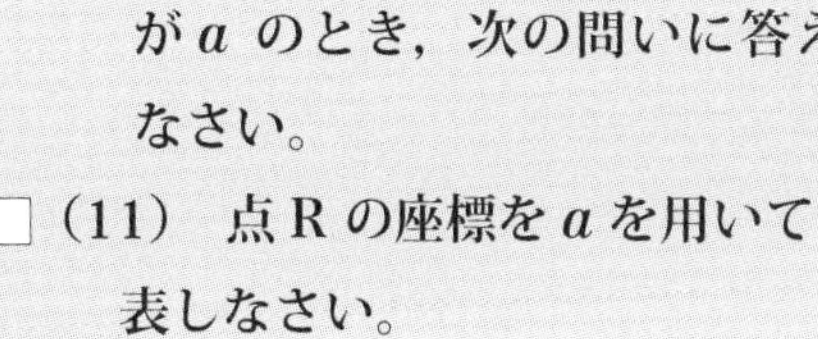

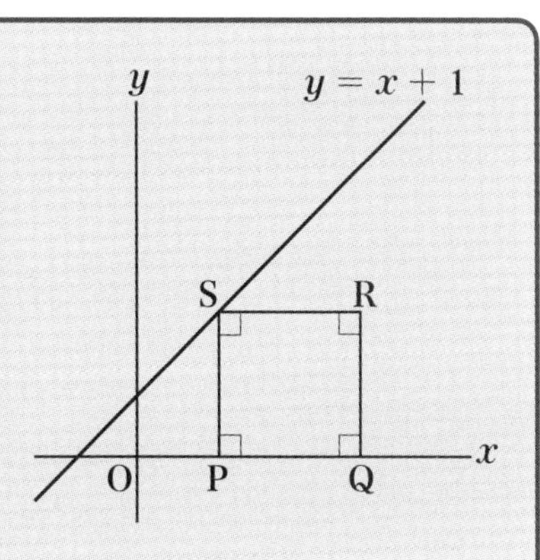

□ (11) 点 R の座標を a を用いて表しなさい。

解説・解答 《1 次関数》

点 P の x 座標が a ですから，OP = $\boxed{a}$

また，点 S は $y = x + 1$ のグラフ上の点で，x 座標が a ですから，y 座標は $\boxed{a + 1}$，よって，SP = $\boxed{a + 1}$

また，四角形 PQRS は正方形ですから，

$$PQ = QR = RS = SP = \boxed{a + 1}$$

したがって，点 R の x 座標は，

$$OP + PQ = a + (\boxed{a + 1}) = \boxed{2a + 1}$$

y 座標は，　RQ = $\boxed{a + 1}$

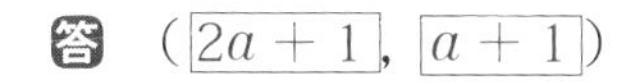

答 ($\boxed{2a + 1}$, $\boxed{a + 1}$)

□ (12) 点 Q の x 座標が 9 のとき，点 S の座標を求めなさい。この問題は計算の途中の式と答えを書きなさい。

解説・解答 《1 次関数》

(11) より，点 R の x 座標は $2a + 1$

点 Q の x 座標 9 は点 R の x 座標と等しいから，

$$2a + 1 = 9 \qquad a = 4$$

したがって，点 S の座標 $(a,\ a + 1)$ は，($\boxed{4}$，$4 + 1$)

答 ($\boxed{4}$，$\boxed{5}$)

直線 $y = ax + b$

直線 $y = ax + b$（a, b は定数）上にある x 座標が t の点の座標は, $(t, at + b)$ と表すことができます。

例　$y = 2x + 3$ 上にある x 座標が 6 の点の座標は,

$y = 2 \times 6 + 3 = 15$ より,（6, 15）

6　右の表は, ある年のキウイフルーツの収穫量をまとめたものの一部です。これについて, 次の問いに答えなさい。

（統計技能）

□ (13)　愛媛県の収穫量は静岡県の収穫量より何 t 多いですか。単位をつけて答えなさい。

キウイフルーツ

全国 都道府県	収穫量 (t)
全　国	29,800
栃　木	980
神奈川	1,950
山　梨	1,100
静　岡	1,610
和歌山	3,560
愛　媛	7,400
福　岡	5,410

《統計技能》

愛媛県の収穫量は 7400 t, 静岡県の収穫量は 1610 t ですから,

$$7400 - 1610 = 5790\ (\mathrm{t})$$

答　5790 t

□ (14)　福岡県の収穫量は, 山梨県の収穫量の何倍ですか。答えは小数第 3 位を四捨五入して小数第 2 位まで求めなさい。

《統計技能》

福岡県の収穫量は 5410 t , 山梨県の収穫量は 1100 t ですから,

$$5410 \div 1100 = 4.918 \cdots\cdots$$

（4.91 の 1 を繰り上げて 2）

ポイント

割合＝比べられる量 ÷ もとにする量

答　4.92 倍

□ (15) 全国の収穫量をもとにしたとき，和歌山県の収穫量の割合は何%ですか。答えは小数第2位を四捨五入して小数第1位まで求めなさい。

《統計技能》

全国の収穫量は 29800 t，和歌山県の収穫量は 3560 t ですから，

3560 ÷ 29800 ＝ 0.1194 ……

ポイント
割合＝比べられる量 ÷ もとにする量

百分率で表すと，

11.94 ……（%）

ポイント
百分率で表された数の小数第2位を四捨五入します。

答 11.9 %

割合・比べられる量・もとにする量の関係

割合＝比べられる量÷もとにする量

比べられる量＝もとにする量×割合

もとにする量＝比べられる量÷割合

7 右の図のような1辺の長さが 2cm の正六角形 ABCDEF があります。辺 BC，DE の中点をそれぞれ P，Q とするとき，次の問いに単位をつけて答えなさい。（測定技能）

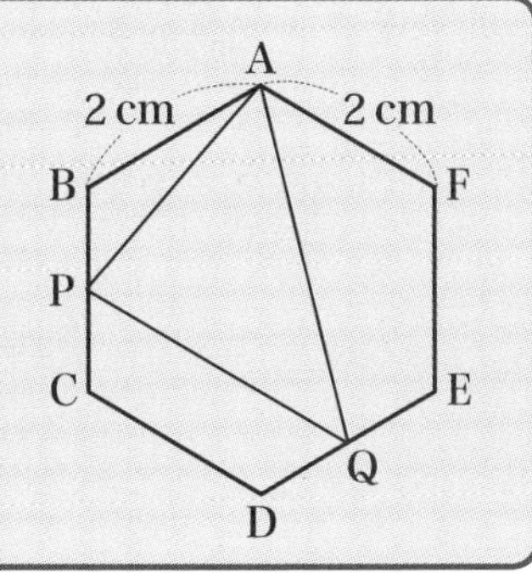

□ (16) PQ の長さは何 cm ですか。

《平面図形》 

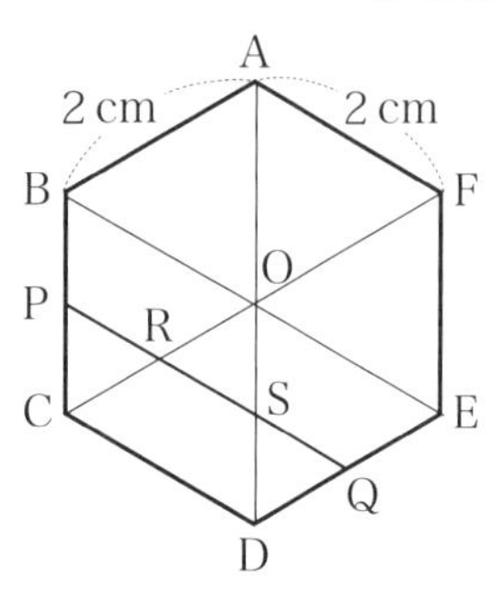

正六角形 ABCDEF に右の図のように対角線をひき，その交点を O とします。このとき，正六角形は 1 辺の長さが 2cm の 6 つの正三角形に分かれます。

ここで，PQ と OC，OD との交点をそれぞれ R，S とおくと，2 点 P，Q は辺 BC，DE の中点ですから，点 R，S も OC，OD の 中点 になります。

△ COB，△ OCD，△ DEO において，中点連結定理により，

$$PR = \frac{OB}{2},\ RS = \frac{CD}{2},\ SQ = \frac{EO}{2}$$

よって，

$$PQ = PR + RS + SQ = \frac{2}{2} + \frac{2}{2} + \frac{2}{2} = \boxed{3}$$

答 3 cm

正六角形の問題では，対角線をひいて 6 つの正三角形に分けて考えると，うまくいくことがあります。

中点連結定理

△ ABC の 辺 AB，AC 上にそれぞれ中点 D，E をとるとき，

$$DE \parallel BC,\ DE = \frac{1}{2} BC$$

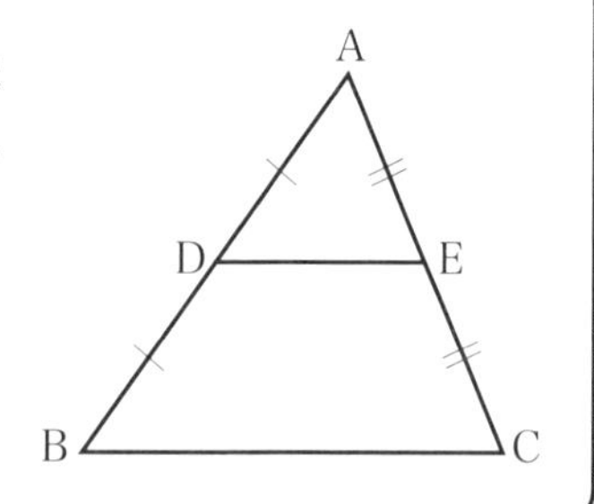

□（17） APの長さは何cmですか。

《平面図形》

△OAB, △OBCは正三角形で，点Pは辺BCの中点ですから，Oと Pを線でつなぐと，∠AOB = 60°，∠BOP = 30°で，

∠AOP = ∠AOB + ∠BOP
= 60° + 30° = 90°

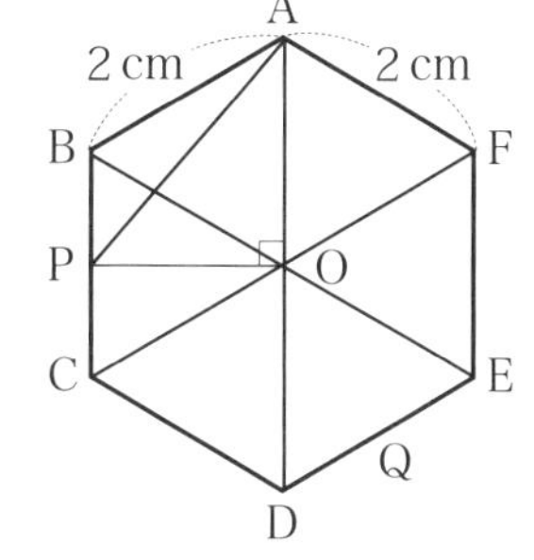

したがって，△APOは直角三角形です。

△APOにおいて，OA = 2 cm

また，△OBPは30°の角をふくむ直角三角形ですから，

OB = 2 cm，OB：PO = 2：$\sqrt{3}$

より，　PO = $\sqrt{3}$ cm

△APOにおいて，三平方の定理を用いると，

$AP^2 = OA^2 + PO^2$
$= 2^2 + (\sqrt{3})^2 = 7$

AP > 0ですから，

AP = $\sqrt{7}$ cm

三平方の定理

直角三角形の直角をはさむ2辺の長さをa，bとし，斜辺の長さをcとすると，次の関係が成り立ちます。

$$a^2 + b^2 = c^2$$

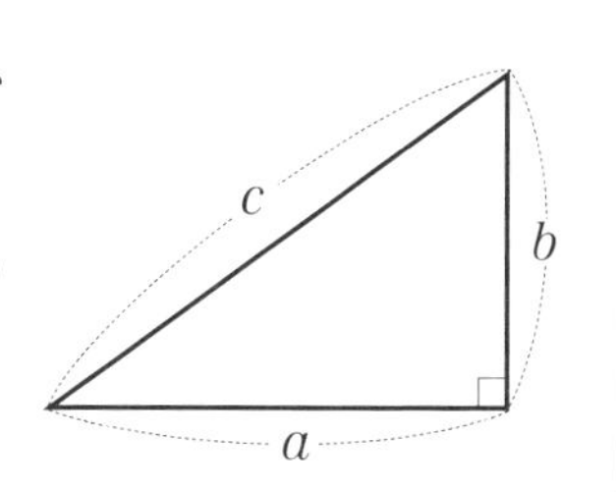

問題◀◁p.53

□（18） △APQ の面積は何 cm^2 ですか。

《平面図形》 

次の図の△APS において，AO ＝ 2cm，点 S は OD の中点で，OS ＝ 1cm ですから，

$$AS = AO + OS = \boxed{3}\ \text{cm}$$

（17）より，　$PO = \boxed{\sqrt{3}}\ \text{cm}$

$$\triangle APS = \frac{1}{2} \times AS \times PO$$
$$= \frac{1}{2} \times \boxed{3} \times \boxed{\sqrt{3}}$$
$$= \boxed{\frac{3\sqrt{3}}{2}}\ (\text{cm}^2) \quad \cdots\cdots ①$$

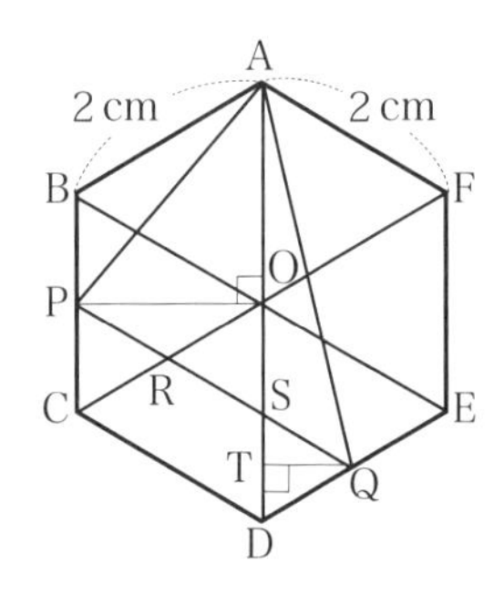

また，点 Q から AD に垂線 QT をひくと，△QST は 30°をふくむ直角三角形ですから，

$$SQ : QT = 2 : \boxed{\sqrt{3}}$$

（16）より SQ ＝ 1cm ですから，$QT = \boxed{\frac{\sqrt{3}}{2}}\ \text{cm}$

$$\triangle AQS = \frac{1}{2} \times AS \times QT$$
$$= \frac{1}{2} \times \boxed{3} \times \boxed{\frac{\sqrt{3}}{2}}$$
$$= \boxed{\frac{3\sqrt{3}}{4}}\ (\text{cm}^2) \quad \cdots\cdots ②$$

したがって，①，②より，

$$\triangle APQ = \triangle APS + \triangle AQS$$
$$= \boxed{\frac{3\sqrt{3}}{2}} + \boxed{\frac{3\sqrt{3}}{4}}$$
$$= \boxed{\frac{9\sqrt{3}}{4}}\ (\text{cm}^2)$$

 $\boxed{\frac{9\sqrt{3}}{4}\ \text{cm}^2}$

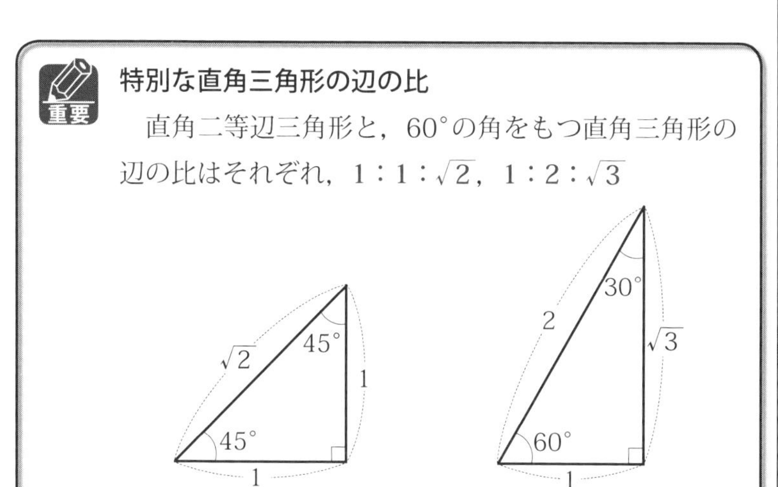

重要
特別な直角三角形の辺の比
直角二等辺三角形と，60°の角をもつ直角三角形の辺の比はそれぞれ，1：1：$\sqrt{2}$，1：2：$\sqrt{3}$
$\sqrt{2}$
45°
1
45°
1
2
30°
$\sqrt{3}$
60°
1

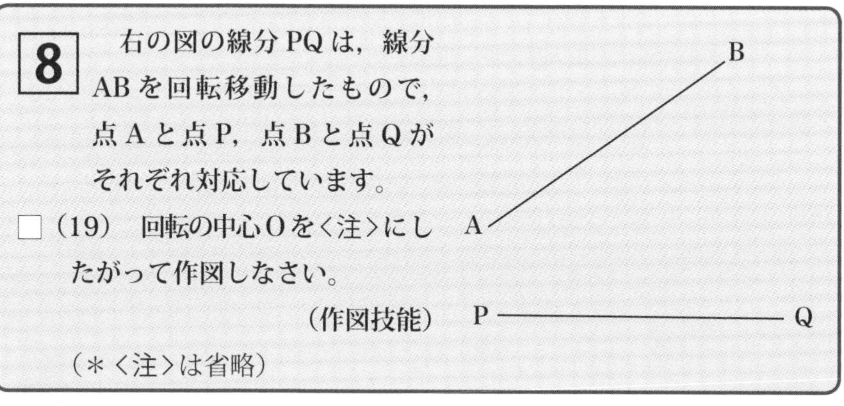

8 **右の図の線分 PQ は，線分 AB を回転移動したもので，点 A と点 P，点 B と点 Q がそれぞれ対応しています。**

□ **(19)　回転の中心 O を<注>にしたがって作図しなさい。**

（作図技能）

（＊<注>は省略）

《作図技能》

対応する点 A と P は，点 O を中心とする円周上の点です。対応する点 B と Q も，同じ点 O を中心とする円周上の点です。したがって，点 O（回転の中心）は，線分 AP，線分 BQ のそれぞれの垂直二等分線の交点です。

次の手順で作図します。

① 点 A, P のそれぞれの点を中心とする同じ半径の円弧をかき，その交点を C，D とします。

② 2 点 C, D を通る直線（線分 AP の垂直二等分線）をひきます。

③　点 B, Q のそれぞれの点を中心とする同じ半径の円弧をかき，その交点を E，F とします。

④　2 点 E, F を通る直線（線分 BQ の垂直二等分線）をひきます。

②と ④ の直線の交点を O とします。

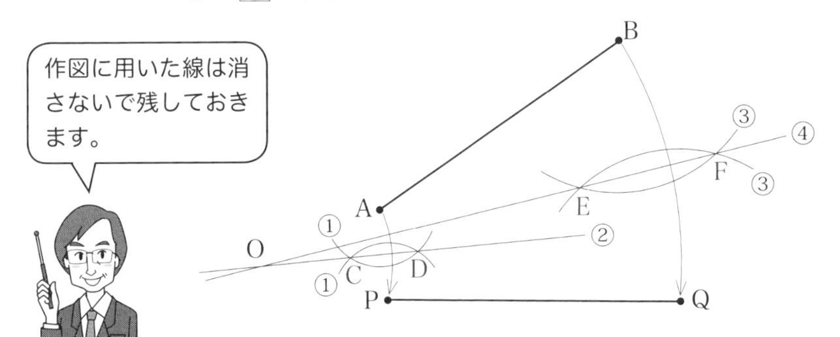

ワンポイント・アドバイス

2 点 A，P を通る円の中心は，2 点 A，P から等しい距離にあるので線分 AP の垂直二等分線上にあります。同じように，2 点 B，Q を通る円の中心は，2 点 B，Q から等しい距離にあるので線分 BQ の垂直二等分線上にあります。

2 点を通る円の中心

2 点 A，B を通る円の中心 O は，線分 AB の垂直二等分線上にあります。

9　次の問いに答えなさい。

□ (20)　$\sqrt{540-6N}$ が自然数となるような自然数 N は何個ありますか。

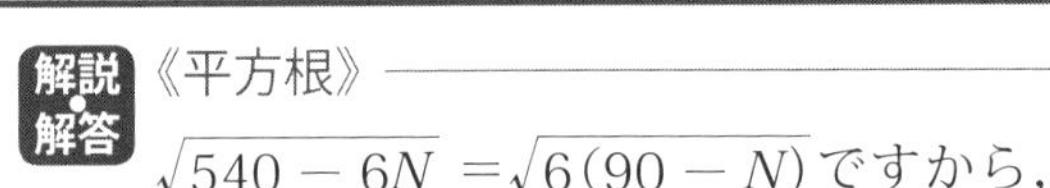

解説・解答　《平方根》

$\sqrt{540-6N}=\sqrt{6(90-N)}$ ですから，

$$90-N=\boxed{6}\times k^2$$（k は自然数）

ポイント

となれば，

$$\sqrt{540-6N}=\sqrt{6(90-N)}=\sqrt{6\times 6k^2}=\boxed{6k}$$

より，$\sqrt{540-6N}$ は自然数になります。

$k=1$ のとき，$6k^2=6\times 1^2=6$ より，$90-N=6$，$N=\boxed{84}$

$k=2$ のとき，$6k^2=6\times 2^2=24$ より，$90-N=24$，$N=\boxed{66}$

$k=3$ のとき，$6k^2=6\times 3^2=54$ より，$90-N=54$，$N=\boxed{36}$

$k=4$ のとき，$6k^2=6\times 4^2=96$ より，$90-N=96$

このような自然数 N は存在しないため，k は 4 以上ではありません。

 $\boxed{3}$個

ワンポイント・アドバイス

$\sqrt{a\times\triangle}$ が自然数になるには，$\triangle=a\times k^2$（k は自然数）となればよい。

問題 p.54

第5回 1次 計算技能

1 次の計算をしなさい。

□ (1)　$6-18-(-10)$

《正負の数の加法・減法》

$6-18-(-10)$

　項を並べた式で表します。

$=6-18+\boxed{10}$

　同符号どうしの数をまとめます。

$=6+\boxed{10}-18$

$=\boxed{-2}$ ……答

□ (2)　$24-84\div(-6)$

《正負の数の四則計算》

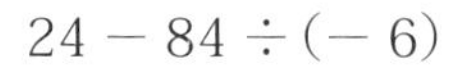

$24-84\div(-6)$

　除法を先に計算します。

$=24-(\boxed{-14})$

　項を並べた式で表します。

$=24+\boxed{14}$

$=\boxed{38}$ ……答

□ (3)　$6^2\times(-2)-(-4^2)$

《累乗をふくむ計算》

$6^2\times(-2)-(-4^2)$

　累乗を先に計算します。

$=\boxed{36}\times(-2)-(\boxed{-16})$

　乗法を計算します。

$=\boxed{-72}+\boxed{16}$

$=\boxed{-56}$ ……答

□ (4)　$\frac{2}{3}\times\left(-\frac{3}{4}\right)-\left(-\frac{3}{4}\right)^2$

《分数をふくむ正負の数の四則計算》 

$$\frac{\overset{1}{\cancel{2}}}{\underset{1}{\cancel{3}}}\times\left(-\frac{\overset{1}{\cancel{3}}}{\underset{2}{\cancel{4}}}\right)-\left(-\frac{3}{4}\right)^2$$

乗法と累乗を計算します。

$$=\boxed{-\frac{1}{2}}-\boxed{\frac{9}{16}}$$

通分します。

$$=\boxed{-\frac{8}{16}}-\boxed{\frac{9}{16}}$$

$$=\boxed{-\frac{17}{16}}$$ ……答

正負の数の四則計算

「かっこ→累乗→乗法・除法→加法・減法」の順に計算します。

① かっこがあるときは，かっこの中を先に計算します。

② 累乗があるときは，累乗を先に計算します。

③ 乗法や除法は，加法や減法より先に計算します。

□ (5)　$\sqrt{72}-\sqrt{3}(2\sqrt{6}-3\sqrt{3})$

《平方根の計算》 

$$\sqrt{72}-\sqrt{3}(2\sqrt{6}-3\sqrt{3})$$

分配法則でかっこをはずします。

$$=\sqrt{72}-\{\boxed{2\sqrt{18}}-3(\sqrt{3})^2\}$$

$$=\sqrt{72}-\boxed{2\sqrt{18}}+\boxed{9}$$

$$=\sqrt{6^2\times 2}-2\sqrt{\boxed{3^2}\times 2}+9$$ ←根号の中の平方数を見つけます。

$$=\boxed{6\sqrt{2}}-2\times\boxed{3\sqrt{2}}+9$$ ←根号の中を小さい数にします。

$$=\boxed{6\sqrt{2}}-\boxed{6\sqrt{2}}+9$$

$$=\boxed{9}$$ ……答

□ (6)　$(\sqrt{2}-2)^2-(\sqrt{2}+1)(\sqrt{2}-1)$

《平方根の計算》

$(\sqrt{2}-2)^2-(\sqrt{2}+1)(\sqrt{2}-1)$

$=(\boxed{\sqrt{2}})^2-2\times\boxed{\sqrt{2}}\times 2+2^2-\{(\boxed{\sqrt{2}})^2-1^2\}$　乗法公式を用います。

$=2-\boxed{4\sqrt{2}}+4-(2-1)$

$=2-\boxed{4\sqrt{2}}+4-1$

$=\boxed{5-4\sqrt{2}}$　…… 答

まず，乗法公式を使ってかっこをはずしましょう。

平方根の変形

$a>0,\ b>0$ のとき，$\sqrt{a^2b}=a\sqrt{b}$

平方根の加法・減法

$a>0$ のとき，

$$\ell\sqrt{a}+m\sqrt{a}=(\ell+m)\sqrt{a}$$

$$\ell\sqrt{a}-m\sqrt{a}=(\ell-m)\sqrt{a}$$

乗法の公式

① $(x+a)(x+b)=x^2+(a+b)x+ab$

② $(x+a)^2=x^2+2ax+a^2$

③ $(x-a)^2=x^2-2ax+a^2$

④ $(x+a)(x-a)=x^2-a^2$

□ (7)　$4(x-5)-3(4x-1)$

《文字式の計算》

$4(x-5)-3(4x-1)$　分配法則でかっこをはずします。

$=\boxed{4x}-20-\boxed{12x}+3$　項を並べかえます。

$=\boxed{4x-12x}-20+3$　同類項をまとめます。

$=\boxed{-8x-17}$　…… 答

□ (8)　$0.5(3x-0.2)-1.2(2x-3)$

《文字式の計算》

$0.5(3x-0.2)-1.2(2x-3)$
　分配法則でかっこをはずします。
$=1.5x-\boxed{0.1}-\boxed{2.4x}+3.6$
　項を並べかえます。
$=1.5x-\boxed{2.4x}-\boxed{0.1}+3.6$
　同類項をまとめます。
$=\boxed{-0.9x+3.5}$ ……答

□ (9)　$2(4x+3y)-4(3x-4y)$

《文字式の計算》

$2(4x+3y)-4(3x-4y)$
　分配法則でかっこをはずします。
$=8x+6y-\boxed{12x}+\boxed{16y}$
　項を並べかえます。
$=8x-\boxed{12x}+6y+\boxed{16y}$
　同類項をまとめます。
$=\boxed{-4x+22y}$ ……答

数と多項式の乗法，単項式と多項式の乗法

数と多項式，単項式と多項式の乗法は，分配法則を使って，次のように計算します。

例　$3(2x+3y)=3\times 2x+3\times 3y$
$=6x+9y$

同類項をまとめる

多項式は，同類項があれば，それをまとめて簡単にすることができます。

例　$3x+4y+5x-2y=3x+5x+4y-2y$
$=8x+2y$

問題 p.56

□ (10) $\dfrac{3x-2y}{4}-\dfrac{2x+3y}{6}$

《分数式の計算》 

$$\frac{3x-2y}{4}-\frac{2x+3y}{6}$$

$$=\frac{3(3x-2y)}{12}-\boxed{\frac{2(2x+3y)}{12}}$$

通分します。

$$=\frac{3(3x-2y)-\boxed{2(2x+3y)}}{12}$$

$$=\frac{9x-6y\boxed{-4x-6y}}{12}$$

$$=\frac{9x\boxed{-4x}-6y\boxed{-6y}}{12}$$

$$=\boxed{\frac{5x-12y}{12}}\ \cdots\cdots\ 答$$

同類項をまとめます。

分数式の計算

次の手順で計算します。

通分する
→ 1つの分数にまとめる
→ 分子のかっこをはずす
→ 同類項をまとめる

□ (11) $-24x^5y^5 \div 4x^2y^3$

《単項式の乗除》

$$-24x^5y^5 \div 4x^2y^3$$

$$=-24x^5y^5\times\boxed{\frac{1}{4x^2y^3}}$$

逆数をかけるかけ算にします。

$$=-\frac{\overset{\boxed{6}}{\cancel{24}}\overset{\boxed{3}}{\cancel{x^5}}\overset{\boxed{2}}{\cancel{y^5}}}{\underset{\boxed{1}}{\cancel{4}}\cancel{x^2}\cancel{y^3}}=\boxed{-6x^3y^2}\ \cdots\cdots\ 答$$

□ (12) $\left(-\dfrac{3x^2y^3}{2}\right)^2 \div \dfrac{x^3y}{12} \times 3x^2$

解説・解答 《単項式の乗除》

$$\left(-\frac{3x^2y^3}{2}\right)^2 \div \frac{x^3y}{12} \times 3x^2$$

$$= \frac{9x^4y^6}{4} \div \frac{x^3y}{12} \times 3x^2$$

$$= \frac{9x^4y^6}{4} \times \boxed{\frac{12}{x^3y}} \times 3x^2$$

$$= \frac{9 \times \overset{3}{\cancel{12}} \times 3 \times x^{\overset{3}{\cancel{6}}}y^{\overset{5}{\cancel{6}}}}{\underset{1}{\cancel{4}} \times \cancel{x^3y}}$$

$$= \boxed{81x^3y^5}$$ …… 答

$$\left(-\frac{3x^2y^3}{2}\right)^2$$

$$= \left(-\frac{3x^2y^3}{2}\right) \times \left(-\frac{3x^2y^3}{2}\right)$$

$$= \frac{3 \times 3 \times xxyyy \times xxyyy}{2 \times 2}$$

$$= \frac{9x^4y^6}{4}$$

逆数をかけるかけ算の式にします。

約分に注意しましょう。

参考

m, n を正の整数とすると,

$$a^m a^n = \underbrace{aa\cdots a}_{m\text{個}} \cdot \underbrace{aa\cdots a}_{n\text{個}} = a^{m+n} \qquad \frac{a^m}{a^n} = \frac{\overbrace{aaa\cdots aa}^{m\text{個}}}{\underbrace{aa\cdots a}_{n\text{個}}} = a^{m-n}$$

$$(a^m)^n = \overbrace{\underbrace{aa\cdots a}_{m\text{個}} \cdot \underbrace{aa\cdots a}_{m\text{個}} \cdot \cdots \cdot \underbrace{aa\cdots a}_{m\text{個}}}^{(m\times n)\text{個}} = a^{mn} \qquad (ab)^n = a^n b^n$$

例 $2^2 \times 2^3 = 2^{2+3} = 2^5 = 2 \times 2 \times 2 \times 2 \times 2 = 32$

$2^2 \times 2^3 = (2 \times 2) \times (2 \times 2 \times 2) = 4 \times 8 = 32$

$\dfrac{3^4}{3^2} = 3^{4-2} = 3^2 = 9 \qquad \dfrac{3^4}{3^2} = \dfrac{81}{9} = 9$

$(2^3)^2 = 2^{3\times 2} = 2^6 = 2 \times 2 \times 2 \times 2 \times 2 \times 2 = 64$

$(2^3)^2 = (2 \times 2 \times 2)^2 = 8^2 = 8 \times 8 = 64$

$(3 \times 4)^2 = 3^2 \times 4^2 = 9 \times 16 = 144$

$(3 \times 4)^2 = 12^2 = 144$

2 次の式を展開して計算しなさい。

□ (13) $(4x-3y)(3x+4y)$

《多項式の計算》

$(4x-3y)(3x+4y)$

$=\boxed{12x^2}+\boxed{16xy}-\boxed{9xy}-\boxed{12y^2}$ 分配法則を用います。

$=\boxed{12x^2+7xy-12y^2}$ …… 答　同類項をまとめます。

参考

右のように計算することもできます。

$$\begin{array}{rrrrr} & 4x & - & 3y & \\ \times) & 3x & + & 4y & \\ \hline & 12x^2 & - & 9xy & \\ & & & 16xy & - 12y^2 \\ \hline & 12x^2 & + & 7xy & - 12y^2 \end{array}$$

多項式の乗法

単項式や多項式の積の形で表された式を計算して1つの多項式に表すことを，もとの式を**展開する**といいます。

$$(a+b)(c+d)=ac+ad+bc+bd$$

□ (14) $(x-2)^2-(x-1)(x-5)$

《多項式の計算》

$(x-2)^2-(x-1)(x-5)$

$=\boxed{x^2-4x+4}-(\boxed{x^2-5x-x+5})$ 乗法公式と分配法則を用います。

$=\boxed{x^2-4x+4}-x^2+5x+x-5$

$=\boxed{x^2-x^2-4x}+5x+x+4-5$ 同類項をまとめます。

$=\boxed{2x-1}$ …… 答

乗法の公式

① $(x+a)(x+b)=x^2+(a+b)x+ab$

② $(x+a)^2=x^2+2ax+a^2$

③ $(x-a)^2=x^2-2ax+a^2$

④ $(x+a)(x-a)=x^2-a^2$

3 次の式を因数分解しなさい。

□ (15) $36x^2-25y^2$

《因数分解》

$36x^2-25y^2$

$=(\boxed{6x})^2-(\boxed{5y})^2$

$=(\boxed{6x+5y})(\boxed{6x-5y})$ …… 答

公式 $x^2-a^2=(x+a)(x-a)$ より

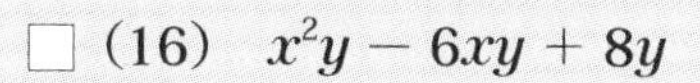

□ (16) $x^2y-6xy+8y$

《因数分解》

$x^2y-6xy+8y$

$=\boxed{y}(\boxed{x^2-6x+8})$

$=\boxed{y}\{x+(\boxed{-2})\}\{x+(\boxed{-4})\}$

$=\boxed{y}(\boxed{x-2})(\boxed{x-4})$ …… 答

まず共通因数 y でくくります。

かっこの中を因数分解します。

因数分解

多項式を因数の積の形に表すことを，もとの式を因数分解するといいます。

因数分解の公式

① $x^2+(a+b)x+ab=(x+a)(x+b)$

② $x^2+2ax+a^2=(x+a)^2$

③ $x^2-2ax+a^2=(x-a)^2$

④ $x^2-a^2=(x+a)(x-a)$

4 次の方程式を解きなさい。

□ (17) $5x-8=-2(x-3)$

《1次方程式》

$5x-8=-2(x-3)$

$5x-8=-2x+\boxed{6}$

$-2x$，-8 を移項すると，

$5x+2x=\boxed{6}+8$

$7x=\boxed{14}$

$x=\boxed{2}$ …… 答

分配法則でかっこをはずします。

符号を変えて，他方の辺に移します。

両辺を7でわります。

答 $x=\boxed{2}$

□ (18) $1.2x+1=0.3x-0.8$

《1次方程式》

$1.2x+1=0.3x-0.8$

両辺に $\boxed{10}$ をかけると，

$12x+\boxed{10}=3x-8$

$3x$，10 を移項すると，

$12x-3x=-8-\boxed{10}$

$9x=-\boxed{18}$

$x=\boxed{-2}$ …… 答

x の係数を整数になおします。

符号を変えて，他方の辺に移します。

両辺を9でわります。

答 $x=\boxed{-2}$

両辺を10倍するときは，すべての項を10倍します。

1 次方程式の解き方

① 係数に小数や分数があるときは，両辺に適当な数をかけて，係数を整数にします。かっこがあればはずします。

② 移項して，文字がある項どうし，数の項どうしを集めます。

③ 両辺を整理して $ax = b$ の形にします。

④ 両辺を x の係数 a でわります。

□ (19) $3x^2 - 4 = 0$

《2 次方程式》

$3x^2 - 4 = 0$

-4 を移項すると，

$3x^2 = 4$ （符号を変えて，他方の辺に移します。）

$x^2 = \frac{4}{3}$ （両辺を 3 でわります。）

$x = \pm\sqrt{\frac{4}{3}}$ （平方根を求めます。このとき，±を忘れないように）

$x = \pm\frac{\sqrt{4}}{\sqrt{3}}$

$x = \pm\frac{2 \times \sqrt{3}}{\sqrt{3} \times \sqrt{3}}$ （分母を有理化します。）

$x = \pm\frac{2\sqrt{3}}{3}$ …… 答

答 $x = \pm\frac{2\sqrt{3}}{3}$

2 次方程式の解き方

2 次方程式 $ax^2 + bx + c = 0$ の解は，左辺が因数分解できるときは，次のことがらを使って解くことができます。

$AB = 0$ ならば $A = 0$ または $B = 0$

また，$ax^2 + c = 0$ の形の方程式は，$x^2 =$○の形に変形して解くことができます。

□ (20)　$2x^2+3x-1=0$

《2次方程式》

$$2x^2+3x-1=0$$

解の公式を用いると，

$$x=\frac{-\boxed{3}\pm\sqrt{\boxed{3}^2-4\times2\times(-1)}}{2\times2}$$

解の公式に $a=2$，$b=3$，$c=-1$ を代入します。

$$x=\boxed{\frac{-3\pm\sqrt{17}}{4}}$$ …… 答

左辺が因数分解できない場合は，解の公式を使います。

答　$x=\boxed{\dfrac{-3\pm\sqrt{17}}{4}}$

2次方程式の解の公式による解き方

(2次式) = 0 の左辺が因数分解できないときは，$(x+m)^2=$□の形にするか，解の公式を用いて解きます。

① 2次方程式 $ax^2+bx+c=0$ の解は，

$$x=\frac{-b\pm\sqrt{b^2-4ac}}{2a}$$

② 2次方程式 $ax^2+2b'x+c=0$ の解は，

$$x=\frac{-b'\pm\sqrt{b'^2-ac}}{a}$$

上の①の公式をしっかりおぼえておきましょう。

5 次の連立方程式を解きなさい。

□ (21) $\begin{cases} 5x - 3y = 11 \\ 2x + 5y = -8 \end{cases}$

《連立方程式》

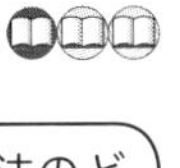

$$\begin{cases} 5x - 3y = 11 & \cdots\cdots① \\ 2x + 5y = -8 & \cdots\cdots② \end{cases}$$

$$\begin{array}{lrl} ①\times 5 & 25x - 15y = & 55 \\ ②\times 3 \quad +) & 6x + 15y = & -24 \\ \hline & \boxed{31x} \qquad = & \boxed{31} \\ & x \qquad = & \boxed{1} \end{array}$$

加減法と代入法のどちらか解きやすい方法で解きましょう。

加減法で，y を消去します。

$x = 1$ を①へ代入すると，

$$5 \times \boxed{1} - 3y = 11$$

$$-3y = 11 - \boxed{5}$$

$$-3y = \boxed{6}$$

$$y = \boxed{-2}$$

答 $x = \boxed{1}$，$y = \boxed{-2}$

□ (22) $\begin{cases} 0.6x + 1.2y = 0 \\ \dfrac{1}{4}x - \dfrac{3}{8}y = \dfrac{7}{4} \end{cases}$

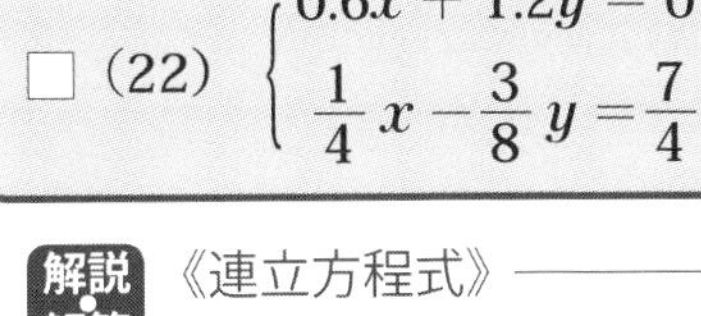

解説・解答

《連立方程式》

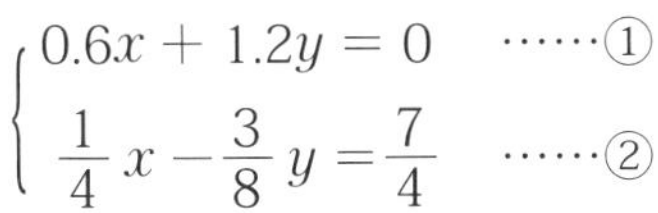

$$\begin{cases} 0.6x + 1.2y = 0 & \cdots\cdots① \\ \dfrac{1}{4}x - \dfrac{3}{8}y = \dfrac{7}{4} & \cdots\cdots② \end{cases}$$

①× 10 より，

$$6x + 12y = 0$$

両辺を 6 でわると，

$$x + 2y = 0 \qquad \cdots\cdots③$$

②× 8 より，

$$2x - 3y = 14 \qquad \cdots\cdots④$$

$$
\begin{array}{llr}
③\times 2 & 2x+4y= & 0 \\
④ & -)\ 2x-3y= & 14 \\
\hline
 & \boxed{7y}= & \boxed{-14} \\
 & y= & \boxed{-2}
\end{array}
$$

$y=\boxed{-2}$を③に代入すると,

$x+2\times(\boxed{-2})=0$

$x-\boxed{4}=0$

$x=\boxed{4}$　　　答　$x=\boxed{4}$, $y=\boxed{-2}$

ポイント
加減法で, xを消去します。

ワンポイント・アドバイス

x, yの係数が小数や分数のときは, まず方程式の両辺に適当な数をかけて, x, yの係数を整数になおします。

連立方程式の解き方　加減法

連立方程式の左辺どうし, 右辺どうしを加えたりひいたりして, 一方の文字を消去して解く方法。

連立方程式の解き方　代入法

一方の式を1つの文字について解いて他の式に代入して解く方法。

6　次の問いに答えなさい。

□ (23)　$x=-5$, $y=-3$のとき, $2x^2-5y$の値を求めなさい。

《式の値》

$x=-5$, $y=-3$を$2x^2-5y$に代入すると,

$2\times(\boxed{-5})^2-5\times(\boxed{-3})$

$=2\times\boxed{25}-(\boxed{-15})$

$=\boxed{50}+\boxed{15}$

$=\boxed{65}$ ……答

ポイント
負の数は, かっこをつけて代入します。

式の値

式の中の文字を数に置き換えることを**代入する**といい，代入して計算した結果を**式の値**といいます。

□（24） 大小 2 個のさいころを同時に投げるとき，出る目の数の積が 6 の約数になる確率を求めなさい。

《確率》 

大小 2 個のさいころを同時に投げるとき，目の出方は全部で，

$$\boxed{6}\times\boxed{6}=\boxed{36}\text{（通り）}$$

出る目の数の積が 6 の約数（1，2，3，6）になるのは，次の $\boxed{9}$ 通りです。

(1，1)，(1，2)，(1，3)，(1，6)，
(2，1)，(2，3)，
(3，1)，(3，2)，
(6，1)

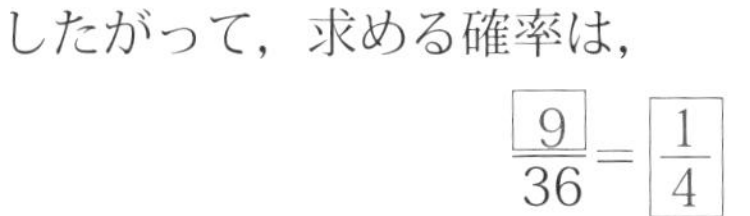

表や樹形図をつくって調べることもできます。

したがって，求める確率は，

$$\frac{\boxed{9}}{36}=\boxed{\frac{1}{4}}$$

 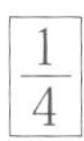

答 $\frac{1}{4}$

確率の求め方

起こりうるすべての場合が n 通りあり，そのどれが起こることも同様に確からしいとします。このとき，あることがら A が起こる場合が a 通りあるとすると，

A が起こる確率 p は，$p=\dfrac{a}{n}$

2 つのさいころを同時に投げたときの確率

目の出方の数は全部で 36 通りです。

場合の数を調べるときは，表や樹形図を使うと便利な場合があります。

□ **(25)　等式 $2a-3(b-1)=5$ を b について解きなさい。**

《等式の変形》

$$2a-3(b-1)=5$$

かっこをはずすと，

$$2a-\boxed{3b}+\boxed{3}=5$$

$$-3b=5-\boxed{2a}-3$$

$$-3b=-2a+\boxed{2}$$

両辺を－３でわると，

$$b=\boxed{\frac{2}{3}a-\frac{2}{3}}$$

答　$b=\boxed{\frac{2}{3}a-\frac{2}{3}}$

等式の変形

　次のように，等式①を変形して，x の値を求める等式②にすることを，等式①を x **について解く**といいます。

例　①　$4y=5+3x$　→　②　$x=\frac{4y-5}{3}$

□ **(26)　y は x に比例し，$x=4$ のとき $y=-6$ です。$y=9$ のときの x の値を求めなさい。**

《比例・反比例》

　y が x に比例するとき，$y=ax$（a は比例定数）と表すことができます。

ポイント

　$x=4$ のとき $y=-6$ ですから，

$$\boxed{-6}=4a$$

したがって，　$a=-\frac{6}{4}=\boxed{-\frac{3}{2}}$

比例の式は，　$y = \boxed{-\frac{3}{2}}x$

この式に $y = 9$ を代入すると，

$$9 = \boxed{-\frac{3}{2}}x$$

よって，$x = 9 \div \left(\boxed{-\frac{3}{2}}\right) = 9 \times \left(\boxed{-\frac{2}{3}}\right) = \boxed{-6}$

答　$x = \boxed{-6}$

まず，比例の式を求め，その式を使って，$y = 9$ のときの x の値を求めます。

比例の利用

y が x に比例するとき，$y = ax$（a は比例定数）と表します。

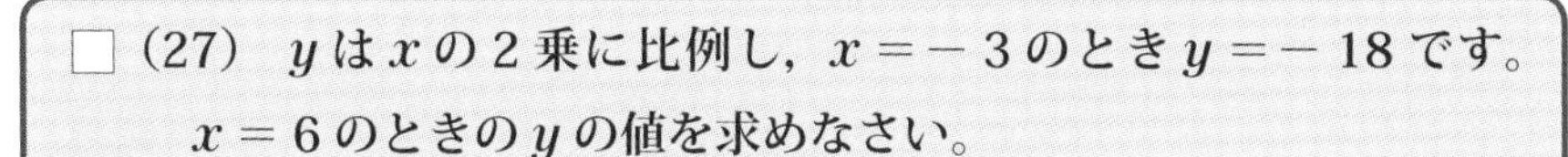

□ (27)　**y は x の2乗に比例し，$x = -3$ のとき $y = -18$ です。$x = 6$ のときの y の値を求めなさい。**

《x の2乗に比例する関数》

y が x の2乗に比例するとき，$y = ax^2$（a は比例定数）と表すことができます。

$x = -3$ のとき $y = -18$ ですから，

$$-18 = a \times (\boxed{-3})^2$$

$$-18 = \boxed{9a}$$

したがって，　$a = \boxed{-2}$

式は，　$y = \boxed{-2}x^2$

この式に $x = 6$ を代入すると，

$$y = -2 \times 6^2 = \boxed{-72}$$

答　$y = \boxed{-72}$

x^2 に比例する関数の式の求め方

求める式を $y = ax^2$ とおいて，1組の x，y の値を代入して a の値を求めます。

□ (28) 右の図において，C は線分 BD の中点で，CE // DG のとき，x の値を求めなさい。

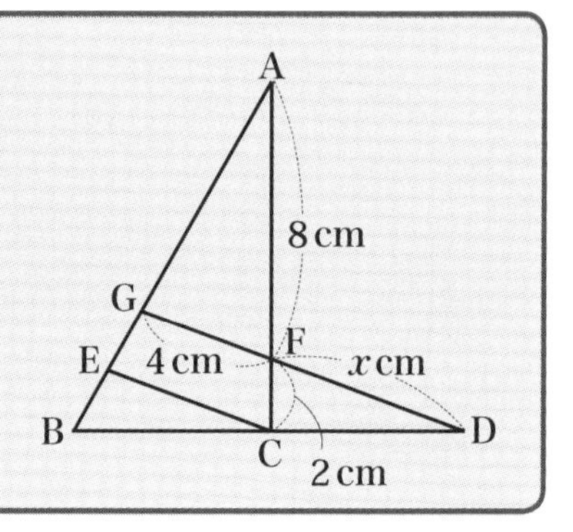

《平面図形》

CE // DG より，　　△AGF ∽△AEC

したがって，　　AF : AC = GF : EC

$8 : (8+2) = 4 : EC$

$8EC = 10 \times 4$

$EC = 5$ cm　……①

$a : b = c : d \rightarrow ad = bc$

△BDG において，CE // DG で，点 C は BD の中点ですから，中点連結定理より，

$$CE = \frac{1}{2}DG$$

これと①から，　$5 = \frac{1}{2}(x+4)$

$10 = x + 4$

$x = 6$

ワンポイント・アドバイス

三角形と平行線があるときは，相似な三角形を探してみましょう。

答　$x = 6$

中点連結定理はよく用いられるたいせつな定理ですよ。

中点連結定理

△ABC の辺 AB，AC 上にそれぞれ中点 D，E をとるとき，

$DE \parallel BC$，$DE = \frac{1}{2}BC$

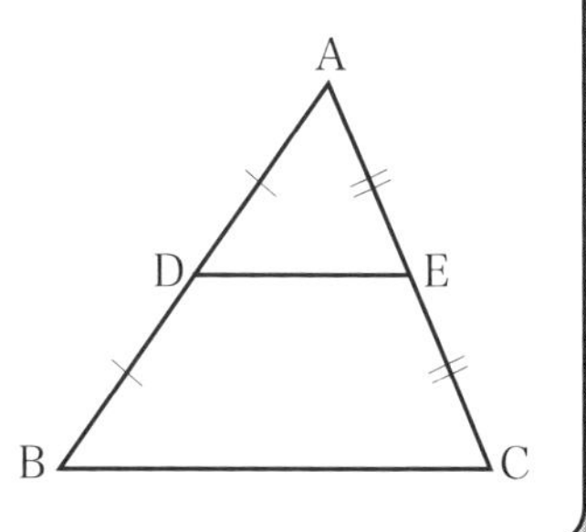

□ (29) **右の図で，円 O の半径は 5cm，円 O′の半径は 3cm で，2 つの円 O, O′は接しています。また，直線 ℓ は 2 つの円 O，O′に点 A，B でそれぞれ接する共通な接線です。x の値を求めなさい。**

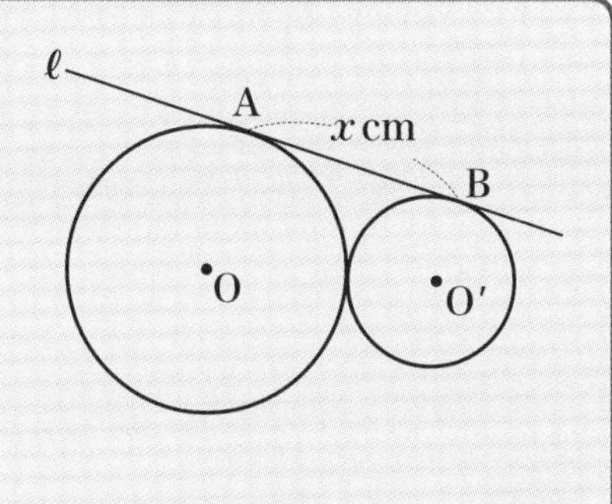

《平面図形》

右の図のように，線分 OA に，点 O′から垂線 O′H をひきます。

ここで，△OO′H において三平方の定理を用いると，

$OO'^2 = \boxed{OH^2} + HO'^2$ ……①

$OO' = OA + O'B$

$= \boxed{8}$ cm

また，　$OH = OA - O'B = \boxed{2}$ cm

$HO' = AB = x$ cm

したがって，　①より，$8^2 = \boxed{2^2} + x^2$

$x^2 = 64 - \boxed{4} = 60$

$x > 0$ より，$x = \boxed{\sqrt{60}} = \boxed{2\sqrt{15}}$

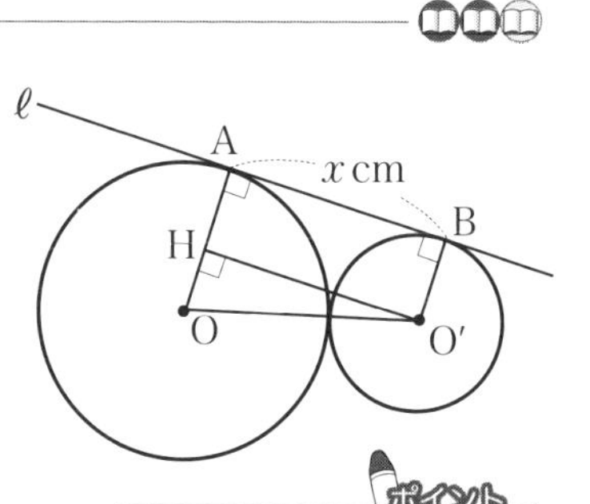

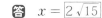

ポイント
補助線をひいて，直角三角形をつくり，三平方の定理を利用します。

答　$x = \boxed{2\sqrt{15}}$

三平方の定理

直角三角形の直角をはさむ 2 辺の長さを a, b とし，斜辺の長さを c とすると，次の関係が成り立ちます。

$$a^2 + b^2 = c^2$$

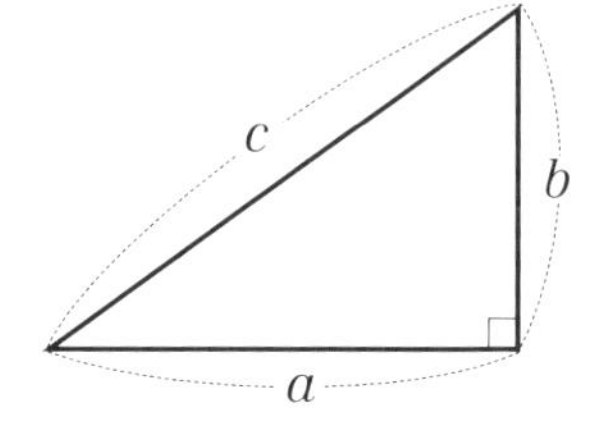

□ (30) 右の図のように，4 点 A，B，C，D が円周上にあります。線分 AC，BD の交点を E，直線 AD と直線 BC との交点を F とします。∠AEB ＝ 50°，∠AFB ＝ 16°のとき，∠x の大きさは何度ですか。

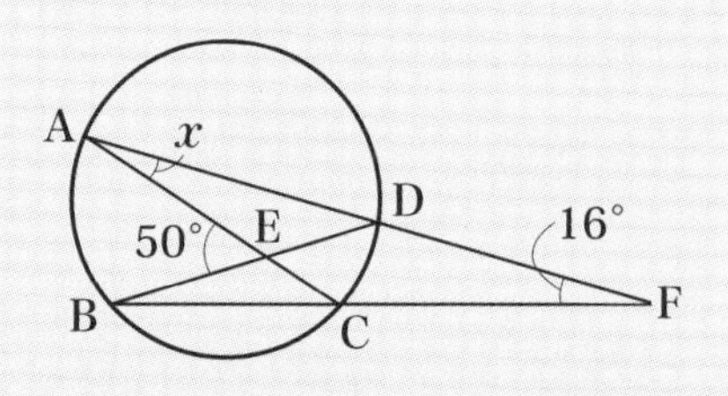

解説・解答 《平面図形》

$\overset{\frown}{\mathrm{CD}}$ に対する円周角が等しいことから，

∠DBC ＝∠ DAC ＝∠ x ……①

△ACF において，1 つの外角はそれと隣り合わない 2 つの内角の和に等しいから，

∠ACB ＝∠ x ＋ 16° ……②

同様に，△EBC において，

∠EBC ＋∠ECB ＝ 50°
（∠DBC）（∠ACB）

①，②から，

∠ x ＋（∠ x ＋ 16°）＝ 50°

2∠ x ＝ 34°　∠ x ＝ 17°

 17 度

ワンポイント・アドバイス

同じ弧に対する円周角が等しいことと，三角形の内角と外角の関係を利用します。

三角形の内角と外角

三角形の外角は，それと隣り合わない２つの内角の和に等しい。

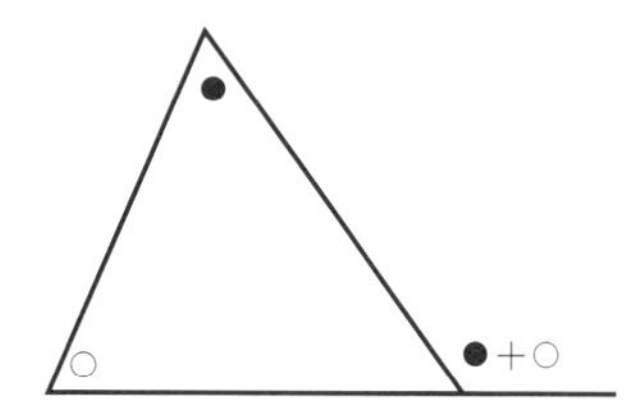

円周角の定理

① 同じ弧に対する円周角の大きさは，その弧に対する中心角の大きさの$\frac{1}{2}$です。

② 同じ弧に対する円周角の大きさはすべて等しい。

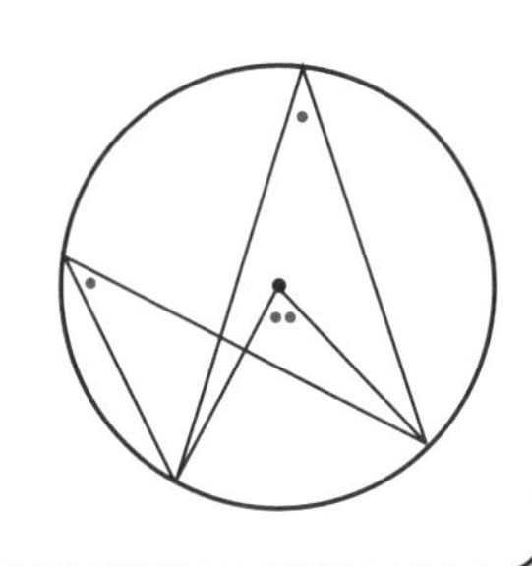

第 5 回 2次 数理技能

1 a は 1 以上の整数，b は 2 以上の整数のとき，記号（$a \circ b$）は a を b でわったときの商，記号（$a \circledcirc b$）は a を b でわったときの余りを表すものとします。このとき，次の問いに答えなさい。

□（1）（$14 \circ 3$）＋（$14 \circledcirc 3$）を計算しなさい。

《整数の問題》

$$14 \div 3 = \boxed{4} \cdots \boxed{2}$$

商　余り

より，

$$(14 \circ 3) = \boxed{4}, \quad (14 \circledcirc 3) = \boxed{2}$$

したがって，

$$(14 \circ 3) + (14 \circledcirc 3) = \boxed{4} + \boxed{2} = \boxed{6}$$

答 $\boxed{6}$

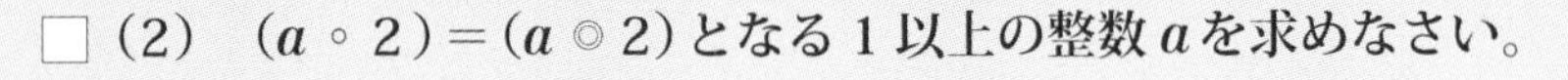
□（2）（$a \circ 2$）＝（$a \circledcirc 2$）となる 1 以上の整数 a を求めなさい。

《整数の問題》

（$a \circledcirc 2$）は，自然数 a を 2 でわった余りですから，

$$(a \circledcirc 2) = 0, \text{ または } (a \circledcirc 2) = 1$$

（$a \circledcirc 2$）＝ 0 のとき，条件より（$a \circ 2$）＝$\boxed{0}$ になるので，$a = \boxed{0}$

これは，a は 1 以上の整数という条件に反します。

（$a \circledcirc 2$）＝ 1 のとき，条件より（$a \circ 2$）＝$\boxed{1}$ ですから，

$$a \div 2 = \boxed{1} \cdots 1$$

$$a = 2 \times \boxed{1} + 1 = \boxed{3}$$

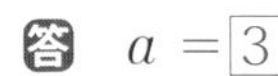
答 $a = \boxed{3}$

□（3）（$x \circ 7$）＝ 4 ×（$x \circledcirc 7$）を満たす 3 けたの整数 x は何個ありますか。

《整数の問題》

$(x \circledcirc 7) = R$ （$0 \leqq R \leqq 6$，Rは整数）とおくと，条件より，

$(x \circ 7) = 4R$ ですから，

$$x \div 7 = 4R \cdots R$$

ポイント
7でわった余りは，わる数7より小さい。

したがって，

$$x = 7 \times \boxed{4R} + \boxed{R} = \boxed{29R}$$

ポイント
7でわったときの余り

と表すことができます。

ここで，$R = 0,\ 1,\ 2,\ 3,\ 4,\ 5,\ 6$ ですから，

$$x = 29R = 0,\ 29,\ 58,\ 87,\ \boxed{116},\ \boxed{145},\ \boxed{174}$$

したがって，3けたの整数xは3個あります。　答 $\boxed{3}$個

商と余りの関係

わられる数をA，わる数をP，商をQ，余りをRとするとき，

$$A \div P = Q \cdots R \iff A = PQ + R \quad (0 \leqq R < P)$$

2　右の図は，1辺の長さが2cmの正三角形ABCと，3つの頂点A，B，Cをそれぞれ中心とする半径2cmのおうぎ形3つが重なってできた図形です。このとき，次の問いに単位をつけて答えなさい。ただし，円周率はπとします。　（測定技能）

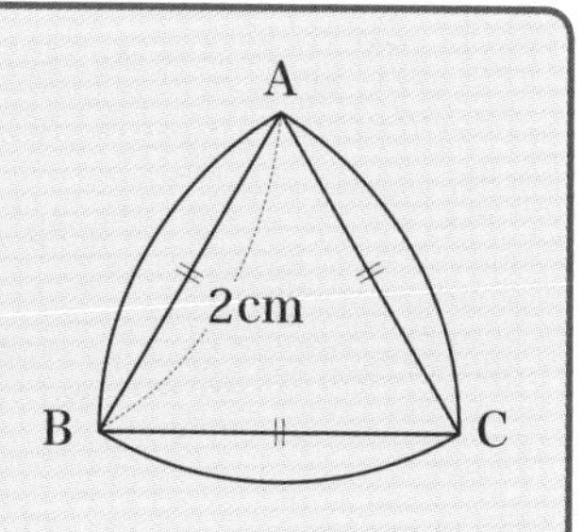

□ (4)　$\overset{\frown}{AB} + \overset{\frown}{BC} + \overset{\frown}{CA}$の長さを求めなさい。

《平面図形》

正三角形の1つの内角は60°なので，$\overset{\frown}{AB} + \overset{\frown}{BC} + \overset{\frown}{CA}$の長さは，中心角が60°で半径が2cmのおうぎ形の弧の長さの3倍となります。

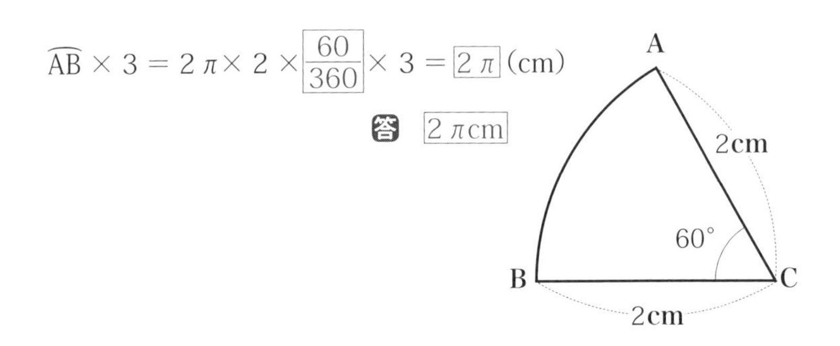

$\overset{\frown}{AB} \times 3 = 2\pi \times 2 \times \boxed{\dfrac{60}{360}} \times 3 = \boxed{2\pi}$ (cm)

答 $\boxed{2\pi \text{cm}}$

□ (5) この図形の面積を求めなさい。

《平面図形》

この図形は正三角形 1 つと弓形 3 つでできています。

まず，正三角形 ABC の面積を求めます。図のように BC の中点を M とすると，△ ABM は 60°の角をもつ直角三角形なので，

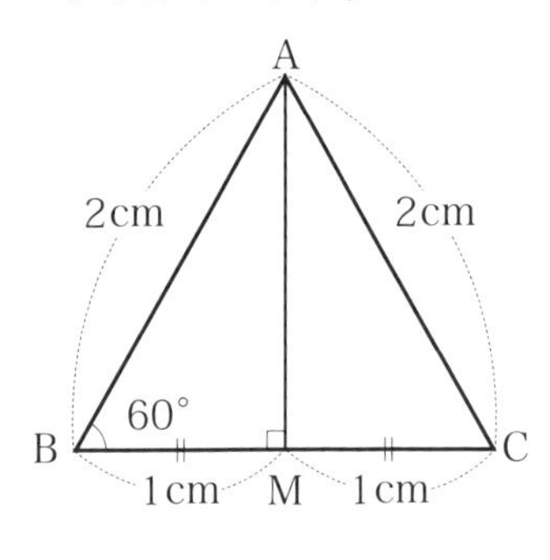

$AB : AM = 2 : \boxed{\sqrt{3}}$

$2 : AM = 2 : \boxed{\sqrt{3}}$

$AM = \boxed{\sqrt{3}}$

より，$\triangle ABC = \dfrac{1}{2} \times BC \times AM = \dfrac{1}{2} \times 2 \times \boxed{\sqrt{3}}$

$= \boxed{\sqrt{3}}$ (cm^2) ……①

次に，弓形の面積を求めます。

(おうぎ形 ABC) － (△ ABC)

$= \pi \times 2^2 \times \dfrac{60}{360} - \boxed{\sqrt{3}}$

$= \boxed{\dfrac{2}{3}\pi - \sqrt{3}}$ (cm^2) ……②

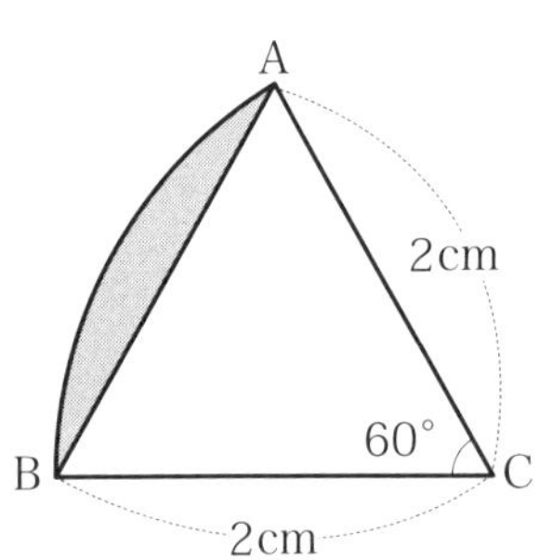

よって，この図形の面積は①＋②×3 なので，

$$\sqrt{3} + \left(\boxed{\frac{2}{3}\pi - \sqrt{3}}\right) \times 3 = \boxed{2\pi - 2\sqrt{3}} \ (\mathrm{cm}^2)$$

答 $\boxed{2\pi - 2\sqrt{3}\ \mathrm{cm}^2}$

おうぎ形の弧の長さ

おうぎ形の弧の長さをℓ，半径をr，中心角をa度とすると，　$\ell = 2\pi r \times \frac{a}{360}$

おうぎ形の面積

おうぎ形の面積をS，半径をr，中心角をa度とすると，　$S = \pi r^2 \times \frac{a}{360}$

3 ある宝くじ売り場では，午前10時の開店時に10人の列ができていました。最初は売り場が1つだったため，開店5分後には列の人数は15人になりました。開店30分後に売り場を2つに増やしたため，午前11時10分に人の列はなくなりました。1つの売り場では1分間にx人の会計を行い，1分間にy人の客が来るとして，次の問いに答えなさい。

□ (6)　x, yを求めるための連立方程式をつくりなさい。(表現技能)

《連立方程式》 

開店5分後の列の人数を考えます。

来店した客の人数は，$(10 + 5y)$人で，会計がすんだ人数は$5x$人ですから，

$$(\boxed{10 + 5y}) - \boxed{5x} = 15 \quad \cdots\cdots①$$

午前11時10分（開店70分後）の列の人数を考えます。

来店した客の人数は，$(\boxed{10 + 70y})$人で，会計がすんだ人数は$(30x + 40 \times 2x)$人，つまり$\boxed{110x}$人ですから，

（$30x$：1つの売り場　$40 \times 2x$：増やしたあとの2つの売り場）

2次　第5回　解説・解答

$$(10+70y)-110x=0 \quad \cdots\cdots ②$$

答 $\begin{cases} \boxed{(10+5y)-5x=15} \\ \boxed{(10+70y)-110x=0} \end{cases}$

$$\boxed{\begin{cases} x-y=-1 \\ 11x-7y=1 \end{cases}}$$

①，②の式を整理して，このように表しても正解です。

□（7）　売り場には1分間に何人の客が来ますか。単位をつけて答えなさい。

《連立方程式》 

（6）の連立方程式を解きます。

①から，

$$-5x+\boxed{5y}=15-10$$

$$x-y=\boxed{-1} \quad \cdots\cdots ③$$

②から，

$$-110x+70y=\boxed{-10}$$

$$11x-7y=\boxed{1} \quad \cdots\cdots ④$$

$$\begin{array}{llrcr} ③\times 11 & & 11x-11y & = & -11 \\ ④ & -) & 11x-\ \ 7y & = & 1 \\ \hline & & \boxed{-\ \ 4y} & = & \boxed{-12} \\ & & \boxed{y} & = & \boxed{3} \end{array}$$

$y=\boxed{3}$を③に代入すると，

$$x-\boxed{3}=-1 \qquad x=\boxed{2}$$

したがって，売り場には1分間に3人の客が来ます。

売り場の客が増える速さは一定ですが，減る速さは売り場を増やしたときに変わります。

4 右の図のように，正三角形ABCの辺BAの延長上に点Dをとり，DCを1辺とする正三角形DCEをつくります。このとき，次の問いに答えなさい。

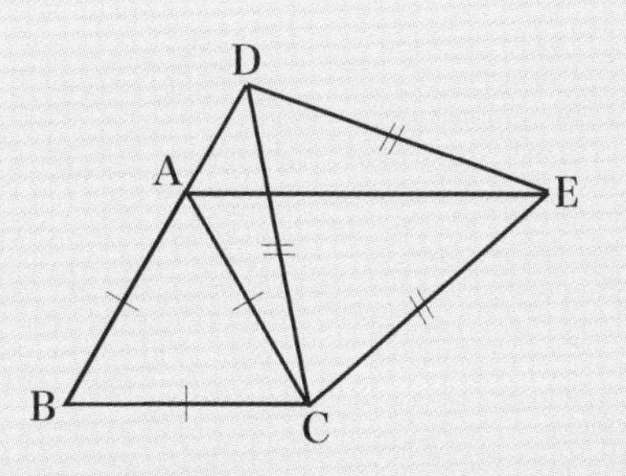

□ (8) AE // BC を証明するには，どの三角形とどの三角形が合同であることを示せばよいですか。

《図形の合同》

AE // BC を証明するには，∠ ACB ＝∠ EAC（ 錯角 が等しい）を示します。

ここで，△ABCは正三角形ですから，

∠ ACB ＝∠ DBC ＝ 60°

∠DBCと∠EACをふくむ三角形は△DBCと△EACですから，△ DBC と△ EAC が合同であることを示します。

答 △DBCと△EAC

ワンポイント・アドバイス

平行線であることを証明するには，錯角や同位角が等しいことを示します。

□ (9) ∠BCD＝∠ACEとなることを証明しなさい。

《図形の合同》

図から，

∠ BCD ＝∠ BCA ＋∠ ACD

△ABCは正三角形であるから，∠BCA＝ 60°

したがって，

∠ BCD ＝ 60° ＋∠ ACD ……①

また，

$$\angle ACE = \angle \boxed{DCE} + \angle ACD$$

△DCE は正三角形であるから，$\angle DCE = \boxed{60^\circ}$

したがって，

$$\angle ACE = \boxed{60^\circ} + \angle ACD \qquad \cdots\cdots②$$

①，②より，

$$\angle BCD = \angle ACE$$

□（10） 上の（8）で答えた２つの三角形が合同であることを示すときに用いる合同条件を言葉で答えなさい。

《図形の合同》

△ABC と△DCE はともに正三角形ですから，△DBC と △EAC において，

$$BC = \boxed{AC}$$

$$CD = \boxed{CE}$$

（9）より，

$$\angle BCD = \angle \boxed{ACE}$$

［2 組の辺とその間の角がそれぞれ等しい］から，

$$\triangle DBC \equiv \triangle EAC$$

［2 組の辺とその間の角がそれぞれ等しい］

三角形の合同条件

２つの三角形は，次のどれかが成り立つとき合同であるといいます。

① ３組の辺がそれぞれ等しい。

② ２組の辺とその間の角がそれぞれ等しい。

③ １組の辺とその両端の角がそれぞれ等しい。

5

右の表は，y が x の2乗に比例する関係を表したものです。この関係について，次の問いに答えなさい。（整理技能）

x	…	2	…	6	…	10	…
y	…	A	…	B	…	C	…

□（11） B の数は A の数の何倍ですか。

《2次関数》

y は x の2乗に比例するから，x と y の関係は，$y = ax^2$ と表すことができます。

$x = 2$ のとき，$y = a \times 2^2 = \boxed{4a}$　　$A = \boxed{4a}$

$x = 6$ のとき，$y = a \times 6^2 = \boxed{36a}$　　$B = \boxed{36a}$

したがって，$B \div A = \boxed{36a} \div \boxed{4a} = \boxed{9}$

答 $\boxed{9}$倍

□（12） この関数において，x の値が1から4まで増加するとき，変化の割合が3となりました。C にあてはまる数を答えなさい。この問題は，計算の途中の式と答えを書きなさい。

《変化の割合》

まず比例定数 a の値を求めます。

x の増加量は，$4 - 1 = 3$

y の増加量は，$a \times \boxed{4^2} - a \times \boxed{1^2} = \boxed{16a} - \boxed{a} = \boxed{15a}$

したがって，変化の割合 $= \dfrac{\boxed{15a}}{3} = \boxed{5a}$ ですから，

$$5a = \boxed{3} \qquad a = \boxed{\frac{3}{5}}$$

よって，比例の式は $y = \boxed{\dfrac{3}{5}}x^2$ ですから，$x = 10$ のとき，

$$y = \boxed{\frac{3}{5}} \times 10^2 = \boxed{60}$$

答 $\boxed{60}$

2次関数では，1次関数とちがい，変化の割合は一定ではありません。

関数 $y = ax^2$ の変化の割合

関数 $y = ax^2$ の変化の割合は一定ではない。

$$変化の割合 = \frac{y\text{の増加量}}{x\text{の増加量}}$$

6 右の表は，あるクラスの男子の 50m 走のタイムをまとめた度数分布表です。これについて，次の問いに答えなさい。

（統計技能）

階級（秒）	度数（人数）
6.5 以上 7.0 未満	4
7.0 ～ 7.5 未満	6
7.5 ～ 8.0 未満	2
8.0 ～ 8.5 未満	2
8.5 ～ 9.0 未満	0
9.0 ～ 9.5 未満	1
計	15

□（13） タイムの速い順に並べたとき，真ん中の生徒が入っている階級は何秒以上何秒未満か答えなさい。

《統計技能》

15 人をタイムの速い順に並べたとき，真ん中の生徒は 8 番目に速い生徒です。度数分布表から，もっとも速いタイムの階級には 4 人，次の階級には 6 人いて，ここまでで，4 ＋ 6 ＝ 10 人なので，8 番目に速い生徒は，この階級にいます。

よって，7.0 秒以上 7.5 秒未満

答 7.0 秒以上 7.5 秒未満

□（14）（13）で求めた階級に含まれる人数は，全体の何%か答えなさい。

《統計技能》

（13）で求めた階級には 6 人いて，全体は 15 人なので，

$\frac{6}{15} \times 100 = 40$（%）

答 40%

□（15）　**全体の平均タイムは何秒以上何秒未満か答えなさい。**

《統計技能》

それぞれの階級の中でもっとも速いタイムについて平均を求めると，

$(6.5 \times 4 + 7.0 \times 6 + 7.5 \times 2 + 8.0 \times 2 + 9.0 \times 1) \div 15$

$= (26 + 42 + 15 + 16 + 9) \div 15$

$= \boxed{108} \div 15$

$= \boxed{7.2}$（秒）

階級の幅は 0.5 秒なので，

∴ 7.2 秒以上 7.7 秒未満

答　7.2 秒以上 7.7 秒未満

割合

割合＝比べられる量÷もとにする量

百分率

百分率＝比べられる量÷もとにする量× 100

割合，もとにする量，比べられる量の関係を使う問題は，よく出題されるので，しっかりおぼえておきましょう。

7　**右の図のような底面が直角三角形の三角柱があります。**

DE ＝ EF ＝ 6cm，AD ＝ 8cm のとき，次の問いに答えなさい。

（測定技能）

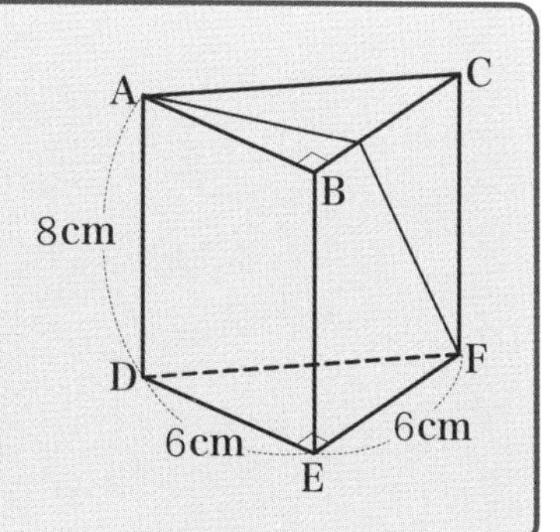

□（16）　**この三角柱の体積は何 cm^3 ですか。単位をつけて答えなさい。**

問題 p.62 ～ p.63

《空間図形》 

角柱の体積＝底面積×高さ ですから，求める体積は，

$$\frac{1}{2} \times 6 \times 6 \times \boxed{8} = \boxed{144}\,(\mathrm{cm}^3)$$

答 $\boxed{144\mathrm{cm}^3}$

□ **(17) 頂点 A，C，E を通る平面でこの三角柱を切ったときの切り口の面積は何 cm^2 ですか。単位をつけて答えなさい。**

《空間図形》

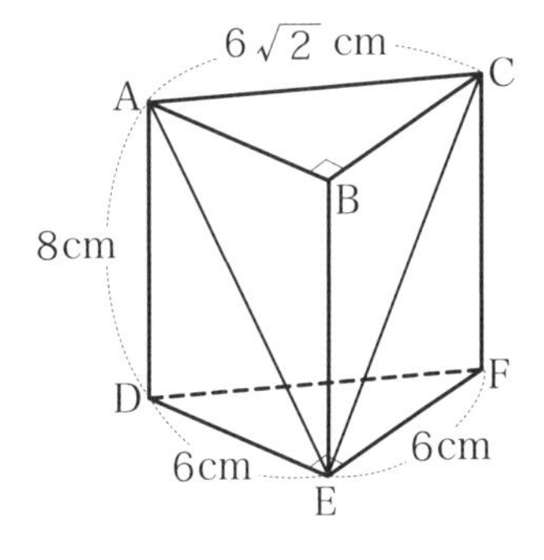

3 点 A，C，E を通る平面で切った切り口は，右の図の△ AEC となります。

$\mathrm{AE}^2 = 8^2 + 6^2 = 100$ より，

$\mathrm{AE} = \boxed{10}\,\mathrm{cm}$

$\mathrm{AE} = \mathrm{EC}$ より，$\mathrm{EC} = \boxed{10}\,\mathrm{cm}$

△ ABC は直角二等辺三角形ですから，

$\mathrm{AC} = \mathrm{AB} \times \sqrt{2} = \boxed{6\sqrt{2}}\,\mathrm{cm}$

よって，△ AEC は次の図のような二等辺三角形になります。

点 E から辺 AC に垂線 EH をひき，△ ECH において三平方の定理を用いると，

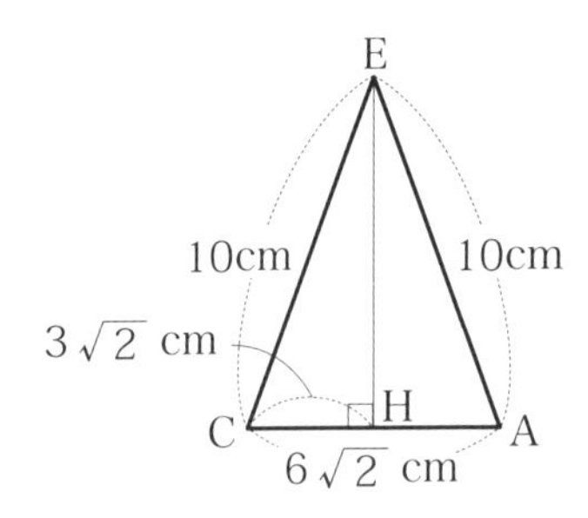

$10^2 = (\boxed{3\sqrt{2}})^2 + \mathrm{EH}^2$

$100 = \boxed{18} + \mathrm{EH}^2$

$\mathrm{EH}^2 = \boxed{82}$

$\mathrm{EH} > 0$ より，$\mathrm{EH} = \boxed{\sqrt{82}}\,\mathrm{cm}$

したがって，

$\triangle \mathrm{AEC} = \frac{1}{2} \times 6\sqrt{2} \times \boxed{\sqrt{82}}$

$=\boxed{6\sqrt{41}}\ (\mathrm{cm}^2)$

答 $\boxed{6\sqrt{41}\ \mathrm{cm}^2}$

□ (18) （上の）図のように，頂点 A から辺 BC を通り，頂点 F まで糸を巻きつけたとき，もっとも短くなる糸の長さは何 cm ですか。単位をつけて答えなさい。

解説・解答 《空間図形》

下の展開図で，線分 AF は糸のもっとも短くなるときの長さを表しています。

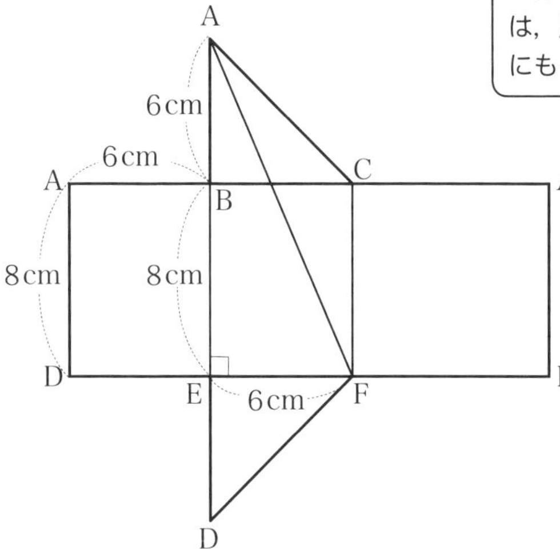

立体の表面にはった糸の長さは，展開図で直線になるときにもっとも短くなります。

△ AEF において三平方の定理を用いると，

$$\mathrm{AF}^2=(6+8)^2+\boxed{6^2}$$
$$=196+\boxed{36}$$
$$=\boxed{232}$$

したがって，

$$\mathrm{AF}=\boxed{\sqrt{232}}\ \mathrm{cm}$$
$$=\boxed{2\sqrt{58}}\ \mathrm{cm}$$

 $\boxed{2\sqrt{58}\ \mathrm{cm}}$

問題 p.63

三平方の定理

直角三角形の直角をはさむ２辺の長さを a，b とし，斜辺の長さを c とすると，次の関係が成り立ちます。

$$a^2 + b^2 = c^2$$

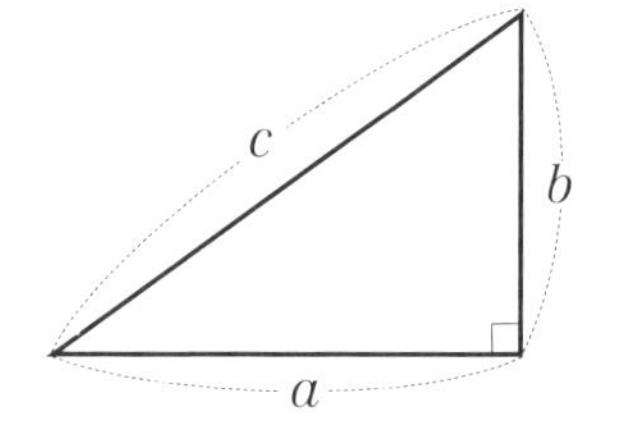

8 下の図のように，△ABC の辺 CA 上に点 D があります。これについて，次の問いに答えなさい。

□ (19) 点 D を通る直線を折り目として，点 A が辺 BC 上にくるように折るとき，折り目となる線分を<注>にしたがって作図しなさい。 （作図技能）

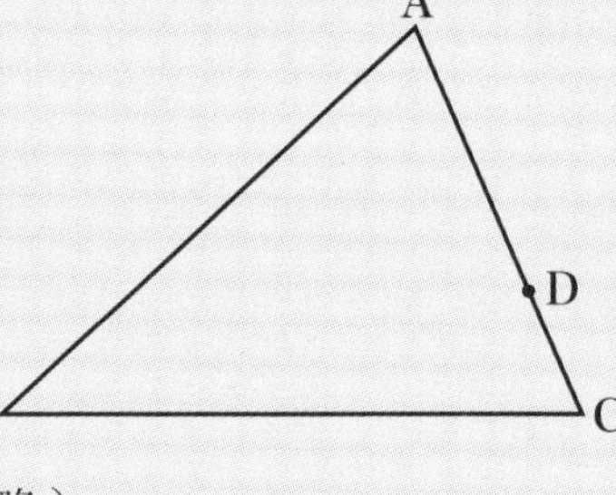

（＊<注>は省略）

《作図技能》 

点 A が辺 BC 上にくるときの点を A′ とすると，点 D を通る折り目となる直線は，線分 AA′ の垂直二等分線になります。

したがって，次の手順で作図します。

① 点 D を中心とし，点 A を通る円弧をかき，辺 BC との交点を A′ とします。

② ２点 A，A′ をそれぞれ中心とする同じ半径の円弧をかき，その交点を E とします。

③　２点 D, E を通る直線（線分 AA′ の垂直二等分線）をひきます。
③の直線と辺 AB との交点を F とすると，線分 FD が求める折り目となります。

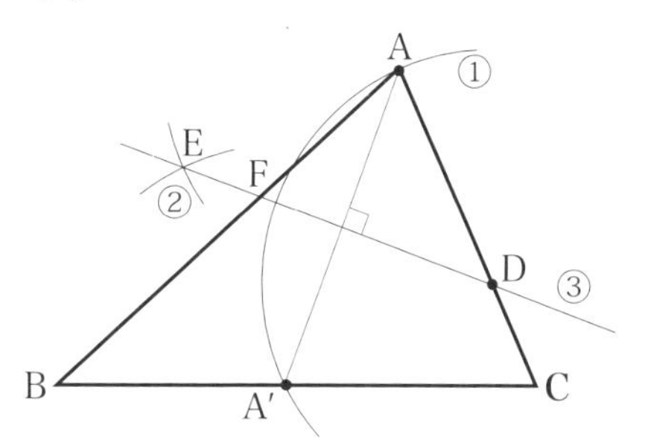

垂直二等分線の作図

線分 AB の垂直二等分線は，次のように作図します。

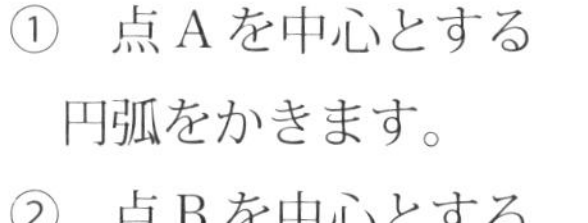

①　点 A を中心とする円弧をかきます。

②　点 B を中心とする①と同じ半径の円弧をかきます。

③　①と②の円弧の交点を通る直線をひきます。この直線が線分 AB の垂直二等分線です。

9　**次の問いに答えなさい。**

□ **(20)　一の位が 0 でない 2 けたの正の整数の中で，十の位の数字と一の位の数字を入れかえた整数ともとの整数との和が 13 の倍数となるようなものは何個ありますか。**

《整数の性質》

2けたの整数の十の位の数字を a，一の位の数字を b とします。このとき，

もとの整数は，$10a + b$

十の位の数字と一の位の数字を入れかえた整数は，$\boxed{10b + a}$

この2つの整数の和は，

$$(10a + b) + (10b + a) = 11a + 11b = \boxed{11(a + b)}$$

<u>$11(a + b)$ が13の倍数になるには，$\boxed{a + b}$ が13の倍数でなければなりません。</u>

ポイント
11は13の倍数でも約数でもありません。

ここで，$1 \leqq a \leqq 9$，$1 \leqq b \leqq 9$ で，a，b は整数ですから，a，b の組み合わせを（a，b）とすると，

(4，9)，(5，8)，(6，7)，(7，6)，(8，5)，(9，4)

の6通りの場合に，$a + b = 13$，つまり $11(a + b)$ が13の倍数となります。それ以外に13の倍数になる組み合わせはありません。

答 $\boxed{6}$ 個

ワンポイント・アドバイス

それぞれの位の数字を a, b, c とするとき，2けたの整数は $10a + b$，3けたの整数は $100a + 10b + c$ のように表すことができます。（ただし，a，b，c は $1 \leqq a \leqq 9$，$0 \leqq b \leqq 9$，$0 \leqq c \leqq 9$ である整数）

問題 ◀◁ p.64

解答一覧

くわしい解説は，「解説・解答」をごらんください。

第1回　1次

1 (1) 5　(2) -2　(3) -8

(4) -2　(5) $\dfrac{5\sqrt{2}}{2}$　(6) $2\sqrt{2}$

(7) $-x+7y$　(8) $7a-5b$

(9) $\dfrac{x+5}{3}$　(10) $\dfrac{y}{12}$

(11) $-4xy$　(12) $2x^2y^2$

2 (13) $25x^2-4y^2$　(14) $8x+16$

3 (15) $(x+3)(x+6)$

(16) $y(x-5)^2$

4 (17) $x=-3$　(18) $x=2$

(19) $x=\pm 3$　(20) $x=1\pm\sqrt{6}$

5 (21) $x=1,\ y=-2$

(22) $x=2,\ y=-2$

6 (23) 3　(24) $\dfrac{5}{6}$　(25) $\dfrac{2}{\sqrt{5}}$

(26) $y=-2$

(27) $x=\pm\sqrt{2}$　(28) 900 度

(29) $x=\dfrac{3}{2}(1+\sqrt{3})$

(30) $x=8$

第1回　2次

1 (1) 19 点　(2) 58 点　(3) 62 点

2 (4) 30π cm　(5) 350π cm^2

3 (6) $\begin{cases} \dfrac{x}{3}+\dfrac{y}{6}=4 \\ \dfrac{x}{6}+\dfrac{y}{3}=5 \end{cases}$　(7) 18km

4 (8) △CBG と△CDE

(9) 2 組の辺とその間の角がそれぞれ等しい

(10) △CBG と△HDG において，

(9) から∠CBG＝∠HDG

対頂角は等しいので，

∠BGC＝∠DGH

2 組の角がそれぞれ等しいので，

△CBG ∽△HDG

すると，対応する角は等しいので，

∠BCG＝∠DHG

90°＝∠DHG

よって，GH ⊥ DH より BH ⊥ DE

5 (11) $6(x+2)^2-6x^2=120$

(12) $6(x^2+4x+4)-6x^2=120$

$6x^2+24x+24-6x^2=120$

$24x=96$　$x=4$

したがって，この立方体の表面積は，

$4^2\times 6=96$　答　96cm^2

6 (13) 111441 人　(14) 5.9%

(15) 167 人

7 (16) $4\sqrt{5}$ cm　(17) 72 cm^2

(18) $\dfrac{448}{3}$ cm^3

8 (19)

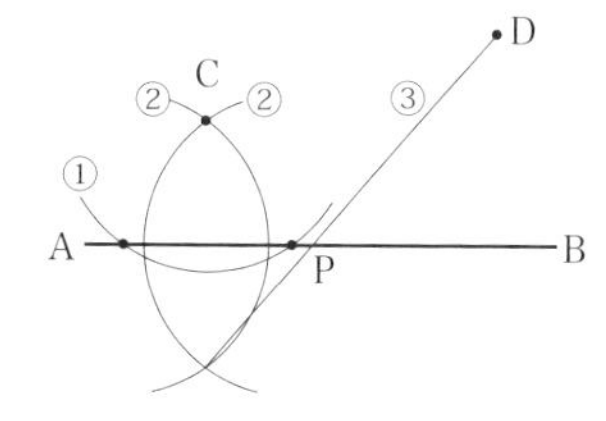

9 (20) 61 票

第2回　1次

1 (1) -16　(2) -3　(3) -34

(4) $-\frac{3}{10}$　(5) $4\sqrt{2}$　(6) 0

(7) $24x-9$　(8) $-0.5x-0.5$

(9) $7y$　(10) $\frac{x-9y}{12}$

(11) $-2x^4y^4$　(12) $4x^5y^2$

2 (13) $9b^2-4a^2$　(14) 1

3 (15) $(x+3)(x-8)$

(16) $(x+y)(2x+y-1)$

4 (17) $x=\frac{2}{3}$　(18) $x=-2$

(19) $x=0,\ 5$

(20) $x=-4\pm2\sqrt{3}$

5 (21) $x=3,\ y=1$

(22) $x=1,\ y=1$

6 (23) 18　(24) $\frac{1}{2}$　(25) $x=2\sqrt{5}$

(26) $y=8$　(27) $y=\frac{5}{2}x^2$

(28) 20度　(29) 68度　(30) 12cm^2

第2回　2次

1 (1) $a+b=33,\ a+c=35,$

$b+d=44,\ c+d=46$

(2) 38

(3) $a=15,\ b=18,\ c=20,\ d=26$

2 (4) $\frac{70}{3}\pi$ cm　(5) $\frac{100}{3}\pi$ cm^2

3 (6)

$$\begin{cases}20+3x-y=3(20-x+3y)\\x+y=20\end{cases}$$

(7) けんじ15回，たけし5回

4 (8) △BCRと△DCP

(9) 正方形ABCDと正方形CPQRで，

∠BCD＝∠RCP＝90°であるから，

∠BCR＝∠BCD－∠RCD

＝90°－∠RCD

∠DCP＝∠RCP－∠RCD

＝90°－∠RCD

したがって，

∠BCR＝∠DCP

(10) 2組の辺とその間の角がそれぞれ等しい

5 (11) $(15x-72)$ cm^2

(12) $(15x-72)$cm^{2}がもとの長方形の面積$3x^2$cm^{2}の25%になればよいから，

$$15x-72=3x^2\times\frac{25}{100}$$

$$15x-72=\frac{3}{4}x^2$$

$$60x-288=3x^2$$

$$x^2-20x+96=0$$

$$(x-8)(x-12)=0$$

$$x=8,\ x=12$$

よって，$x=8$のとき，縦は8 cm，横は$3x=3\times8=24$より24 cm

$x=12$のとき，縦は12 cm，横は$3x=3\times12=36$より36 cm

答　縦 8 cm，横24 cm，

または縦12 cm，横36 cm

6 (13) ヨーロッパ　(14) 55.3%

(15) 2.14

7 (16) $\left(\frac{40}{3}\pi+4\sqrt{3}\right)$ cm^3

(17) $(20\pi+8+2\sqrt{3})$ cm^2

(18) $\sqrt{16+\frac{100}{9}\pi^2}$ cm

8 (19)

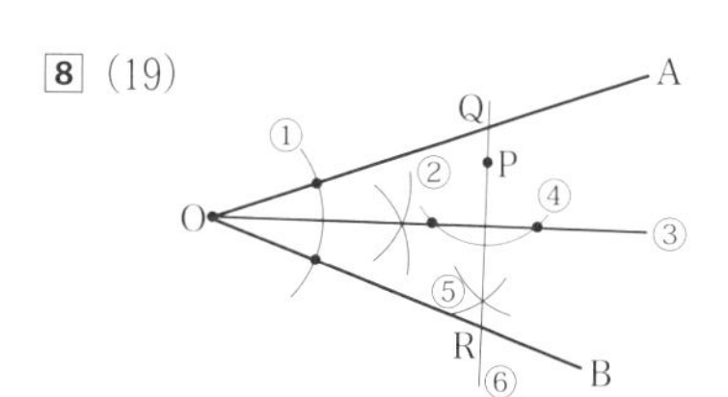

9 (20) $\frac{72}{7}$

第3回　1次

1 (1) -13　(2) -30　(3) 22
(4) -0.05　(5) -2
(6) $3-3\sqrt{2}$　(7) $9x-35$
(8) $-3.6x-0.04$　(9) $4x+7y$
(10) $\frac{x+y}{6}$　(11) $-8xy^3$
(12) $2xy$

2 (13) $2x^2+5xy-3y^2$
(14) $32x-12$

3 (15) $(x-2)(x-8)$
(16) $xy(x-2)^2$

4 (17) $x=6$　(18) $x=-3$
(19) $x=\pm\frac{5\sqrt{2}}{2}$
(20) $x=-3\pm\sqrt{2}$

5 (21) $x=1$，$y=-1$
(22) $x=2$，$y=2$

6 (23) 1　(24) $\frac{1}{2}$　(25) $\frac{3\sqrt{10}}{10}$
(26) $y=-6$　(27) $y=8$
(28) 30度　(29) $x=9$
(30) 10度

第3回　2次

1 (1) 32点　(2) 3点　(3) 9点

2 (4) $18\sqrt{3}$ cm²　(5) 36cm³

3 (6)
$$\begin{cases} y=(x-5)\times\frac{28}{100} \\ y-\frac{17}{50}=\left(\frac{11}{10}x-\frac{21}{4}\right)\times\frac{24}{100} \end{cases}$$
(7) 33万円

4 (8) △ABEと△BCF
(9) 1組の辺とその両端の角がそれぞれ等しい
(10) (9)より，△ABE ≡△BCFであるから，BE = CF　……①
正方形ABCDの各辺は等しいから，
BC = CD　……②
ところで，　EC = BC − BE
FD = CD − CF
①，②から，EC = FD

5 (11) $a=1$
(12) (11)より，MA $=a$，MO $=a^2$
∠AOB = 60°のとき，△OABは正三角形であり，△OMAは60°の角をもつ直角三角形である。よって，
MO：MA $=\sqrt{3}$：1
a^2：$a=\sqrt{3}$：1
$a=\sqrt{3}$　　答 $a=\sqrt{3}$

6 (13) 5点　(14) 33.3 %　(15) 数学

7 (16) 96π cm³　(17) 3 cm
(18) $\frac{24}{5}\pi$ cm

8 (19)

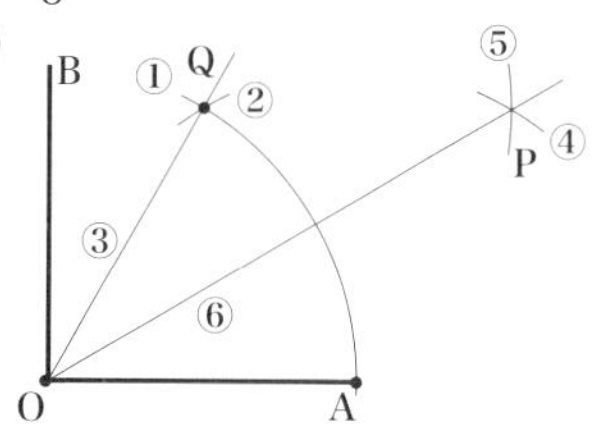

9 (20) 11000

第4回　1次

1 (1) -47　(2) -16　(3) -37

(4) $\dfrac{41}{30}$　(5) $-6\sqrt{3}$

(6) $-5+4\sqrt{6}$　(7) $-2x+24$

(8) $-0.8x+0.4$　(9) $-7a-24b$

(10) $\dfrac{11x+27y}{24}$　(11) $4x^3y^3$

(12) $-5y^5$

2 (13) $9x^2-25y^2$　(14) -4

3 (15) $2x(x+2)(x-2)$

(16) $3(x-3)(x+1)$

4 (17) $x=\dfrac{1}{2}$　(18) $x=2$

(19) $x=\pm 2\sqrt{2}$

(20) $x=\dfrac{-5\pm\sqrt{21}}{2}$

5 (21) $x=2$, $y=-1$

(22) $x=6$, $y=3$

6 (23) -8　(24) $\dfrac{5}{12}$

(25) $y=\dfrac{1-3x}{2}$　(26) $y=-9$

(27) $y=36$　(28) 36度

(29) 90度　(30) 109度

第4回　2次

1 (1) $(1,\ 2)*(3,\ 4)=11$

$(1,\ 2)\#(3,\ 4)=10$

(2) $x=1$　(3) $x=1,\ 2$

2 (4) $2\sqrt{3}$ cm　(5) $\dfrac{32\sqrt{3}}{3}$ cm^3

3 (6) $\begin{cases} 2x+3y=5(x-3) \\ 2x+3y=10y \end{cases}$

(7) A … 7%, B … 2%

4 (8)　△PBQと△QCR

(9)　2組の辺とその間の角がそれぞれ等しい

(10) △PBQにおいて，1つの外角は，それと隣り合わない2つの内角の和に等しいから，

∠QPB＋∠B＝∠PQC　……①

ここで，∠PQC＝∠PQR＋∠RQC

(8)，(9)より，∠QPB＝∠RQCであるから，

∠PQC＝∠PQR＋∠QPB……②

①，②より，

∠QPB＋∠B＝∠PQR＋∠QPB

したがって，∠PQR＝∠B

5 (11) $(2a+1,\ a+1)$

(12) 点Rのx座標は$2a+1$

点Qのx座標9は点Rのx座標と等しいから，$2a+1=9$　$a=4$

よって，点Sの座標$(a,\ a+1)$は，

$(4,\ 4+1)$　答 $(4,\ 5)$

6 (13) 5790 t　(14) 4.92倍　(15) 11.9％

7 (16) 3 cm　(17) $\sqrt{7}$ cm

(18) $\dfrac{9\sqrt{3}}{4}$ cm^2

8 (19)

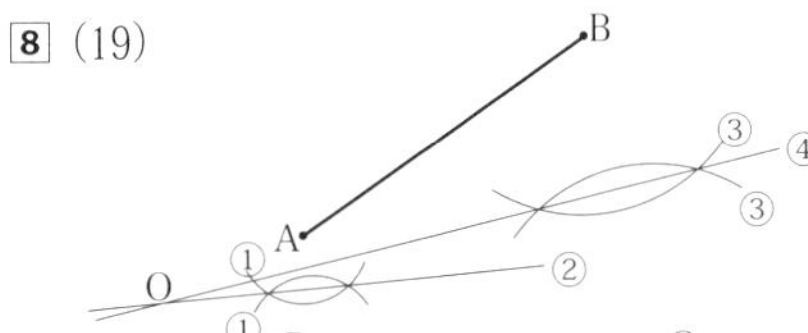

9 (20)　3個

第5回 1次

1 (1) -2 (2) 38

(3) -56 (4) $-\frac{17}{16}$ (5) 9

(6) $5-4\sqrt{2}$ (7) $-8x-17$

(8) $-0.9x+3.5$ (9) $-4x+22y$

(10) $\frac{5x-12y}{12}$ (11) $-6x^3y^2$

(12) $81x^3y^5$

2 (13) $12x^2+7xy-12y^2$

(14) $2x-1$

3 (15) $(6x+5y)(6x-5y)$

(16) $y(x-2)(x-4)$

4 (17) $x=2$ (18) $x=-2$

(19) $x=\pm\frac{2\sqrt{3}}{3}$ (20) $x=\frac{-3\pm\sqrt{17}}{4}$

5 (21) $x=1$, $y=-2$

(22) $x=4$, $y=-2$

6 (23) 65 (24) $\frac{1}{4}$

(25) $b=\frac{2}{3}a-\frac{2}{3}$ (26) $x=-6$

(27) $y=-72$ (28) $x=6$

(29) $x=2\sqrt{15}$ (30) 17 度

第5回 2次

1 (1) 6 (2) $a=3$ (3) 3 個

2 (4) 2πcm (5) $2\pi-2\sqrt{3}$ cm^2

3 (6) $\begin{cases}(10+5y)-5x=15\\(10+70y)-110x=0\end{cases}$

(7) 3 人

4 (8) △DBC と△EAC

(9) ∠BCD＝∠BCA＋∠ACD

△ABC は正三角形だから,

∠BCA＝60° したがって,

∠BCD＝60°＋∠ACD ……①

また, ∠ACE＝∠DCE＋∠ACD

△DCE は正三角形だから,

∠DCE＝60°

したがって,

∠ACE＝60°＋∠ACD ……②

①, ②より, ∠BCD＝∠ACE

(10) 2 組の辺とその間の角がそれぞれ等しい

5 (11) 9 倍

(12) x の増加量は, $4-1=3$

y の増加量は,

$a\times4^2-a\times1^2=16a-a=15a$

したがって,

変化の割合$=\frac{15a}{3}=5a$

$5a=3$ $a=\frac{3}{5}$

比例の式は $y=\frac{3}{5}x^2$ であるから,

$x=10$ のとき,

$y=\frac{3}{5}\times10^2=60$ 答 60

6 (13) 7.0 秒以上 7.5 秒未満 (14) 40%

(15) 7.2 秒以上 7.7 秒未満

7 (16) 144cm^3 (17) $6\sqrt{41}$ cm^2

(18) $2\sqrt{58}$ cm

8 (19)

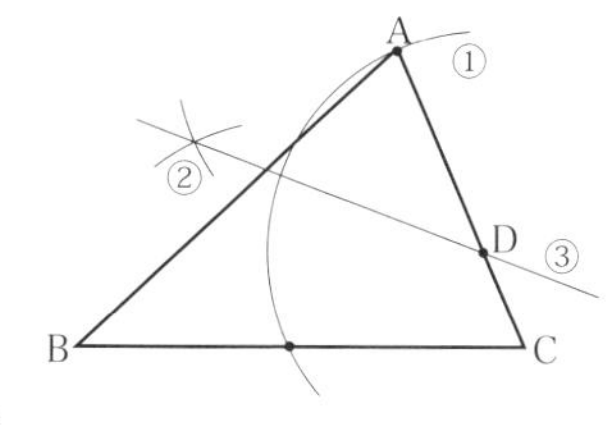

9 (20) 6 個

第1回 1次 計算技能

標準 解答時間 **50分**

解答用紙　解説・解答▶ p.66 ～ p.84　解答一覧▶ p.241

1	(1)			(16)	
	(2)		**4**	(17)	$x =$
	(3)			(18)	$x =$
	(4)			(19)	$x =$
	(5)			(20)	$x =$
	(6)		**5**	(21)	$x =$　　, $y =$
	(7)			(22)	$x =$　　, $y =$
	(8)		**6**	(23)	
	(9)			(24)	
	(10)			(25)	
	(11)			(26)	$y =$
	(12)			(27)	$x =$
2	(13)			(28)	度
	(14)			(29)	$x =$
3	(15)			(30)	$x =$

＊本書では，1次の合格基準を21問（70%）以上としています。

拡大コピーしてご利用ください。解答欄に書ききれない場合は別紙に書いてください。

第1回 2次 数理技能

標準解答時間 60分

解答用紙　解説・解答▶ p.85 ～ p.100　解答一覧▶ p.241

大問	小問	解答
1	(1)	点
	(2)	点
	(3)	点
2	(4)	単位 (　　)
	(5)	単位 (　　)
3	(6)	
	(7)	単位 (　　)
4	(8)	
	(9)	
	(10)	
5	(11)	
	(12)	単位 (　　)
6	(13)	人
	(14)	%
	(15)	人
7	(16)	単位 (　　)
	(17)	単位 (　　)
	(18)	単位 (　　)
8	(19)	A———B, •C, •D
9	(20)	票

＊本書では，2次の合格基準を12問（60%）以上としています。

拡大コピーしてご利用ください。解答欄に書ききれない場合は別紙に書いてください。

第 2 回 1 次 計算技能

標準解答時間 50分

解答用紙　解説・解答▶ p.101 ～ p.119　解答一覧▶ p.242

1	(1)			(16)	
	(2)		4	(17)	$x =$
	(3)			(18)	$x =$
	(4)			(19)	$x =$
	(5)			(20)	$x =$
	(6)		5	(21)	$x =$ 　, $y =$
	(7)			(22)	$x =$ 　, $y =$
	(8)		6	(23)	
	(9)			(24)	
	(10)			(25)	$x =$
	(11)			(26)	$y =$
	(12)			(27)	$y =$
2	(13)			(28)	度
	(14)			(29)	度
3	(15)			(30)	cm^2

＊本書では，1 次の合格基準を 21 問（70%）以上としています。

拡大コピーしてご利用ください。解答欄に書ききれない場合は別紙に書いてください。

第2回 2次 数理技能

標準解答時間 60分

解答用紙　解説・解答▶ p.120 ～ p.135　解答一覧▶ p.242 ～ p.243

1	(1)	$a+b=$ $a+c=$ $b+d=$ $c+d=$
	(2)	
	(3)	$a=$　, $b=$ $c=$　, $d=$
2	(4)	単位（　）
	(5)	単位（　）
3	(6)	
	(7)	
4	(8)	
	(9)	
	(10)	
5	(11)	単位（　）
	(12)	
6	(13)	
	(14)	%
	(15)	
7	(16)	単位（　）
	(17)	単位（　）
	(18)	単位（　）
8	(19)	O, A, P, B
9	(20)	

＊本書では，2次の合格基準を12問（60%）以上としています。

拡大コピーしてご利用ください。解答欄に書ききれない場合は別紙に書いてください。

第 3 回 1次 計算技能

標準解答時間 50分

解答用紙　解説・解答▶ p.136 ～ p.154　解答一覧▶ p.243

1	(1)			(16)	
	(2)		4	(17)	$x =$
	(3)			(18)	$x =$
	(4)			(19)	$x =$
	(5)			(20)	$x =$
	(6)		5	(21)	$x =$ 　, $y =$
	(7)			(22)	$x =$ 　, $y =$
	(8)		6	(23)	
	(9)			(24)	
	(10)			(25)	
	(11)			(26)	$y =$
	(12)			(27)	$y =$
2	(13)			(28)	度
	(14)			(29)	$x =$
3	(15)			(30)	度

＊本書では，1次の合格基準を21問（70%）以上としています。

拡大コピーしてご利用ください。解答欄に書ききれない場合は別紙に書いてください。

第3回 2次 数理技能

標準解答時間 60分

解答用紙　解説・解答▶ p.155 ～ p.170　解答一覧▶ p.243

問題	番号	解答
1	(1)	点
	(2)	点
	(3)	点
2	(4)	単位（　　）
	(5)	単位（　　）
3	(6)	
	(7)	単位（　　）
4	(8)	
	(9)	
	(10)	

問題	番号	解答
5	(11)	$a=$
	(12)	$a=$
6	(13)	点
	(14)	%
	(15)	
7	(16)	単位（　　）
	(17)	単位（　　）
	(18)	単位（　　）
8	(19)	B O　A
9	(20)	

＊本書では，2次の合格基準を12問（60%）以上としています。

拡大コピーしてご利用ください。解答欄に書ききれない場合は別紙に書いてください。

第4回 1次 計算技能

標準解答時間 50分

解答用紙　解説・解答▶ p.171 ～ p.189　解答一覧▶ p.244

1	(1)			(16)	
	(2)		4	(17)	$x =$
	(3)			(18)	$x =$
	(4)			(19)	$x =$
	(5)			(20)	$x =$
	(6)		5	(21)	$x =$ 　, $y =$
	(7)			(22)	$x =$ 　, $y =$
	(8)		6	(23)	
	(9)			(24)	
	(10)			(25)	$y =$
	(11)			(26)	$y =$
	(12)			(27)	$y =$
2	(13)			(28)	度
	(14)			(29)	度
3	(15)			(30)	度

＊本書では，1次の合格基準を21問（70%）以上としています。

拡大コピーしてご利用ください。解答欄に書ききれない場合は別紙に書いてください。

第4回 2次 数理技能

標準解答時間 60分

解答用紙　解説・解答▶ p.190 ～ p.205　解答一覧▶ p.244

1	(1)	
	(2)	$x =$
	(3)	$x =$
2	(4)	単位 (　　)
	(5)	単位 (　　)
3	(6)	
	(7)	A… 単位 (　　) B… 単位 (　　)
4	(8)	
	(9)	
	(10)	
5	(11)	(　　,　　)
	(12)	(　　,　　)
6	(13)	単位 (　　)
	(14)	倍
	(15)	%
7	(16)	単位 (　　)
	(17)	単位 (　　)
	(18)	単位 (　　)
8	(19)	A, B, P, Q
9	(20)	個

＊本書では，2次の合格基準を12問（60%）以上としています。

拡大コピーしてご利用ください。解答欄に書ききれない場合は別紙に書いてください。

第5回 1次 計算技能

標準解答時間 50分

解答用紙　解説・解答▶ p.206 〜 p.225　解答一覧▶ p.245

1	(1)			(16)	
	(2)		4	(17)	$x=$
	(3)			(18)	$x=$
	(4)			(19)	$x=$
	(5)			(20)	$x=$
	(6)		5	(21)	$x=$　　, $y=$
	(7)			(22)	$x=$　　, $y=$
	(8)		6	(23)	
	(9)			(24)	
	(10)			(25)	$b=$
	(11)			(26)	$x=$
	(12)			(27)	$y=$
2	(13)			(28)	$x=$
	(14)			(29)	$x=$
3	(15)			(30)	度

＊本書では，1次の合格基準を21問（70%）以上としています。

拡大コピーしてご利用ください。解答欄に書ききれない場合は別紙に書いてください。

第5回 2次 数理技能

標準解答時間 60分

解答用紙　解説・解答▶ p.226 ～ p.240　解答一覧▶ p.245

問題	番号	解答
1	(1)	
	(2)	$a=$
	(3)	個
2	(4)	単位 (　　)
	(5)	単位 (　　)
3	(6)	
	(7)	単位 (　　)
4	(8)	
	(9)	
	(10)	
5	(11)	倍
	(12)	
6	(13)	秒以上　秒未満
	(14)	%
	(15)	秒以上　秒未満
7	(16)	単位 (　　)
	(17)	単位 (　　)
	(18)	単位 (　　)
8	(19)	A B C D
9	(20)	個

＊本書では，2次の合格基準を12問（60%）以上としています。

拡大コピーしてご利用ください。解答欄に書ききれない場合は別紙に書いてください。

本書に関する正誤等の最新情報は，下記のアドレスでご確認ください。
http://www.s-henshu.info/sk3hs2204/

上記アドレスに掲載されていない箇所で，正誤についてお気づきの場合は，書名・発行日・質問事項（ページ・問題番号）・氏名・郵便番号・住所・FAX 番号を明記の上，**郵送または FAX でお問い合わせください。**

※電話でのお問い合わせはお受けできません。

【宛先】 **コンデックス情報研究所「本試験型 数学検定 3 級 試験問題集」係**
住所　〒 359-0042　埼玉県所沢市並木 3-1-9
FAX 番号　04-2995-4362（10：00 ～ 17：00 土日祝日を除く）

※本書の正誤に関するご質問以外はお受けできません。また受検指導などは行っておりません。
※ご質問の到着確認後 10 日前後に，回答を普通郵便または FAX で発送いたします。
※ご質問の受付期限は試験日の 10 日前必着といたします。ご了承下さい。

監修：小宮山 敏正（こみやま としまさ）
東京理科大学理学部応用数学科卒業後，私立明星高等学校数学科教諭として勤務。

編著：コンデックス情報研究所
1990 年 6 月設立。法律・福祉・技術・教育分野において，書籍の企画・執筆・編集，大学および通信教育機関との共同教材開発を行っている研究者，実務家，編集者のグループ。
イラスト：ひらのんさ

企画編集：成美堂出版編集部

本試験型　数学検定3級試験問題集

監　修　小宮山敏正（こみやまとしまさ）
編　著　コンデックス情報研究所（じょうほうけんきゅうしょ）
発行者　深見公子
発行所　成美堂出版
〒162-8445　東京都新宿区新小川町 1-7
電話(03)5206-8151　FAX(03)5206-8159
印　刷　大盛印刷株式会社

ISBN978-4-415-23143-3
落丁･乱丁などの不良本はお取り替えします
定価はカバーに表示してあります